Pour Judy-Ann

Bonne lecture!

[illegible]
2010

Le Tire-bouchon

Griffin 2010

Le **Tire-bouchon**

Griffin 2010

Votre guide des vins au Nouveau-Brunswick

Mario Griffin

Les Éditions
de la Francophonie

Couverture : **Info 1000 Mots inc.**

Mise en pages : **Info 1000 mots inc.**

Reviseure : **Linda Breau**

Production : **Les Éditions de la Francophonie**
55, rue des Cascades
Lévis (Qc) G6V 6T9
Tél. : 1-866-230-9840 • 1-418-833-9840
Courriel : ediphonie@bellnet.ca

Distribution : **Messagerie de Presse Benjamin inc.**
101, Henry-Bessemer
Bois-des-Filion, Qc J6Z 4S9
Tél. : 450-621-8167
Téléc. : 450-621-8289
1-800-361-7379

ISBN 978-2-89627-203-7

Dépôt légal – 4e trimestre 2009
Bibliothèque nationale du Canada
Bibliothèque nationale du Québec
Imprimé au Canada

Table des matières

Partie 2

Préface

Robert Noël
Sommelier du Nouveau-Brunswick

Depuis plus de dix ans, j'ai la chance de vivre ma passion, soit celle du fruit de la vigne et du merveilleux monde du vin, et ce, à titre de sommelier. Bien qu'ayant visité des lieux prestigieux, des châteaux, des producteurs et des régions viticoles prestigieuses, mes plus beaux souvenirs demeurent les nombreuses occasions qui m'ont permis de partager ma passion avec d'autres amateurs de vin tout aussi passionnés. Que ce soit autour d'une bonne table, lors de séminaires et de festival du vin. Mes moments les plus mémorables sont souvent ceux où j'ai eu l'occasion de partager mes connaissances et expériences avec des connaisseurs et amateurs de ce noble breuvage.

Au fil des ans, j'ai eu la chance de côtoyer un grand nombre de professionnels et d'amateurs, tous animés par cette soif du savoir, ce don de leur temps, de leurs connaissances et bien évidemment de leur cellier. Un peu comme les bonnes bouteilles de vin, certaines de ces personnes nous marquent alors que d'autres sont, à l'occasion, vite oubliées. Il faut dire que mon parcours dans le monde du vin m'a fait traverser le Canada, visiter différents pays tels que la Roumanie ou encore le Chili, et m'a permis de rencontrer une multitude de gens intéressants. Cependant, comme une bonne bouteille ou encore notre vin favori, il y certaines de ces personnes que l'on affectionne davantage et pour qui chaque moment de vin partagé est aussi précieux que le dernier verre d'une grande bouteille.

Voilà maintenant plus de six ans que je suis de retour au Nouveau-Brunswick, c'est d'ailleurs lors de mon premier Festivin à Caraquet que j'ai eu le plaisir de rencontrer mon bon ami Mario Griffin. Je ne pouvais me douter, à cette époque, que ma brève rencontre avec cet Acadien d'adoption m'amènerait à partager de nombreuses conversations, bouteilles, festins, longues soirées et quelques maux de tête avec celui-ci. Beaucoup de vin à couler dans nos verres depuis, un peu comme le bon vin, l'amateur de vin en Mario a bien vieilli. Sa curiosité et son intérêt pour le fruit de la vigne, combiné à ses excellentes qualités de communicateur, a su éclairer et éduquer plusieurs fidèles de Bacchus de son entourage au cours des années.

Que vous soyez un professionnel du vin, un amateur, un néophyte, un débutant ou tout simplement un être un peu curieux, je suis certain que l'information présentée dans ce guide saura vous plaire. Fidèle de Bacchus, versez-vous un bon verre de vin et étanchez votre soif de savoir avec la bonne parole de mon bon ami Mario. Sur ce, longue vie à cette belle initiative et bonne lecture.

Mot de l'auteur

Vous tenez en ce moment un guide unique au Nouveau-Brunswick. Ce livre n'a pas la prétention d'être le fruit d'un spécialiste du vin. Il se veut davantage un partage de mes expériences et un outil permettant un choix mieux éclairé pour les consommateurs lorsque vient le temps de choisir un vin sur les tablettes d'un magasin d'Alcool « NB Liquor ».

Depuis plus d'une quinzaine d'années, je m'intéresse au monde du vin à travers différentes lectures. C'est justement en lisant plusieurs guides du vin destinés au public québécois, faisant la promotion de vins disponibles surtout à la SAQ, que l'idée m'est venue de préparer ce guide.

Il faut préciser que je ne suis pas un sommelier professionnel, mais bien un amateur passionné. Pendant plusieurs années, j'ai écrit des chroniques sur le vin sur le site Internet Acadie.Net. J'ai continué par le biais de mon blogue Le Tire-bouchon et la suite logique de cette démarche était d'écrire un livre que je pourrais partager avec ceux qui veulent découvrir les produits de la vigne que l'on retrouve chez nous. Mon bagage de dégustateur découle, entre autres, de ma participation à de nombreux séminaires. J'ai fait des voyages mémorables dans différentes régions viticoles et j'ai aussi été impliqué dans l'organisation du Festivin, un salon des vins dans la Péninsule acadienne qui aura été une bonne école pour moi. Je tiens d'ailleurs à remercier l'organisation de cette activité qui se déroule depuis plus de 13 ans à Caraquet. Le monde du vin est riche d'enseignements et je dois aussi souligner les rencontres exceptionnelles que ce milieu m'a permis de réaliser.

Merci à mes amis sommeliers dont Robert Noël, Denis Sauvé et Alain Lanteigne pour leur amitié et le partage de leurs nombreuses connaissances. Merci à Jules Roiseux que j'ai côtoyé au Festivin et qui m'a appris que la dégustation de vins n'était pas un acte de snobisme réservé à une élite, mais qu'il pouvait être un symbole de partage et de convivialité. Merci également à Paul Haché de Saint-Isidore qui m'a démontré que le mot générosité rime avec humilité. J'ai eu la chance de découvrir une multitude de vins d'exception de Bordeaux, de Bourgogne, de Toscane et de Californie lors de ses nombreuses soirées de dégustation. Puis, je remercie mon ami Jean-Pierre Gouzou qui a transporté la fierté de Bergerac en Acadie, et avec qui j'ai eu beaucoup de plaisir à parler de vin et savourer les fruits de la vigne.

Enfin, dans mon cheminement de dégustateur, je tiens à remercier ma conjointe, Barbara, qui m'a suivi dans ce projet et avec qui j'ai partagé des bouteilles et des instants mémorables depuis notre rencontre en 1992. Elle est « mon grand cru de rêve » et mon chef préféré. À mes enfants, Justin et Alyssa, qui développent leur curiosité en humant les arômes dans nos verres ; je vous souhaite de vivre aussi pleinement vos passions. Je vous aime ! À tous mes amis, à votre santé et merci de vos encouragements.

À propos de ce guide

Ce guide se divise en deux parties. La première est consacrée aux vins que je vous suggère et que vous pourrez probablement encore trouver, pour la plupart, dans les succursales d'Alcool NB Liquor. Les prix des vins sont ceux qui étaient en vigueur chez Alcool NB Liquor au moment de la rédaction du livre, soit fin juillet 2009. Ils sont évidemment sujets à des changements sans préavis. Dans cette première partie du livre, je propose notamment des vins de consommation que je commente. Le symbole de l'étoile ★, cher au peuple acadien, désigne des vins qui figurent parmi mes favoris en termes de rapport qualité-prix. Vous trouverez aussi des vins un peu plus dispendieux pour ceux qui ont la patience d'entreposer et de faire vieillir le vin.

Le Nouveau-Brunswick est reconnu pour ses fruits de mer, ce qui en fait un terroir unique au niveau de la gastronomie. C'est peut-être d'ailleurs ce qui explique le fait que seulement trois provinces ont déclaré un volume de ventes de vins blancs plus grand que celui de vins rouges selon les données de Statistiques Canada[1] en 2007. Les deux autres provinces sont aussi situées dans les Maritimes, soit au pied même du vaste jardin des produits de la mer, l'Île-du-Prince-Édouard et la Nouvelle-Écosse.

Lorsque vous verrez le symbole du poisson, il s'agit donc d'un vin qui s'harmonise bien avec une multitude de fruits de mer. Personnellement, j'adore le vin rouge, mais je trouve qu'il a encore plus de subtilité et de versatilité dans les blancs. Le vin est une affaire de goût. Certaines personnes s'offusqueront de voir des gens manger un homard avec un

1. Référence web du site de Statistiques Canada http://www.statcan.ca/Daily/Francais/071025/q071025a.htm

gros vin rouge tannique. Il faut aussi avoir du plaisir en buvant du vin et respecter les goûts de chacun, mais si jamais ces gens ont la chance de trouver un vin qui changera leurs perceptions, ce sera peut-être le début d'une nouvelle aventure.

La seconde section du livre est davantage consacrée aux ressources et outils de références. Vous trouverez quelques bonnes adresses concernant des sites Internet ainsi que quelques adresses d'endroits que je recommande pour y avoir séjourné lors de mes voyages. Le Nouveau-Brunswick regorge de bonnes tables, je vous offre certaines recommandations où je peux habituellement avoir accès à une liste de vin agréable. Notez cependant qu'il s'agit d'une liste non exaustive.

Enfin, je tiens à préciser que je suis indépendant et impartial. Je n'ai pas d'intérêt financier dans une agence de vins et Alcool NB Liquor ne m'a nullement payé pour rédiger ce livre. J'ai dégusté les vins suggérés dans ces pages et je vous offre mes commentaires, au meilleur de mes connaissances.

Le Tire-bouchon, votre guide des vins au Nouveau-Brunswick se veut un livre en toute simplicité.

Je vous souhaite plein de découvertes.

Système de classement

Pour ajouter un peu d'originalité à ce livre et pour mettre en valeur le nom de mon blogue, Le Tire-bouchon, j'ai décidé de placer une note d'appréciation basée sur le système des 5 étoiles, 5 verres à vin étant la note maximale. Vous comprendrez toutefois que je n'ai pas placé de vins sous la note 3, mon objectif étant de vous partager des vins attrayants et non de vous suggérer des vins quelconques.

	Note	Symbole
3 verres à vin	**Bon**	🍷🍷🍷
3 verres à vin et demi	**Très bon**	🍷🍷🍷½
4 verres à vin	**Excellent**	🍷🍷🍷🍷
4 verres à vin et demi	**Exceptionnel**	🍷🍷🍷🍷½
5 verres à vin	**Une classe à part**	🍷🍷🍷🍷🍷

La Chamiza Chenin Blanc/Chardonnay

8,79 $

Cépage :	Mélange chenin blanc/chardonnay
Producteur :	Finca Lunlunta
Millésime :	2007
Région :	Mendoza
Pays :	Argentine
Catégorie :	Blanc
Alcool :	13 %
Dégustation :	2008/11
Fermeture :	Liège
CUP :	7798039590397
Site Internet :	www.lachamiza.com

Notes de dégustation

L'Argentine est ce rare pays à nous offrir encore des surprises à moins de 10 dollars. Ce mélange chardonnay et chenin blanc est encore une preuve tangible de rapport qualité/prix difficile à battre. La robe jaune doré de faible intensité cache un joli vin d'arômes coquin et exotique d'ananas, de pamplemousse et de papaye. Certains y trouveront des notes de poires. Personnellement, je remarque beaucoup plus son petit côté beurre provenant du chardonnay. En bouche, un vin demi-sec aux beaux fruits tropicaux qui charme le palais avec son onctuosité et en délicatesse. Ce mariage des deux cépages donne en effet de la rondeur au vin qui s'affirme dans une finale avec un sucre résiduel pas trop exagéré. Un blanc à servir entre 10 et 12°C pour ne pas altérer les arômes.

Accord mets et vin

Les amateurs de sushis sont de plus en plus nombreux. Ce vin représente une valeur sûre pour les sushis et sashimis, les pâtes aux fruits de mer et certains fromages à pâte molle. Il sera aussi agréable avec du poulet grillé ou du poisson.

La Moras Pinot Grigio

9,99 $

Cépage :	Pinot grigio
Producteur :	Finca Las Moras
Millésime :	2008
Région :	San Juan
Pays :	Argentine
Catégorie :	Blanc
Alcool :	12,5 %
Dégustation :	2009/05
Fermeture :	Capsule à vis
CUP :	7791540091193
Site Internet :	www.fincalasmoras.com

Cette découverte remonte au Festivin du printemps 2009. Je participais alors au concours des vins primés et j'ai été intrigué par ce vin pour l'ensemble de ses qualités. Ma surprise fut encore plus grande lorsque j'ai découvert qu'il s'agissait d'un blanc d'Argentine sous la barre des 10 dollars. Le producteur Finca Las Moras démontre qu'il est possible de faire des vins abordables sans négliger la qualité. Pour moi, cela ne fait pas de doute que l'Argentine est le pays qui progresse le plus rapidement au sein des pays émergents dans le monde du vin. Situé dans la province de San Juan, le vignoble est dans cette belle région au pied de la cordillère des Andes qui sépare le Chili et l'Argentine. Une des particularités de cette région est qu'elle est parfois balayée par un vent nommé localement le Zonda. C'est un vent chaud et desséchant qui souffle de l'ouest.

Notes de dégustation

Pour ce prix, ce pinot grigio à la couleur jaune aux reflets verts n'a pas à rougir de sa qualité. Un vin léger à moyen en intensité, mais qui laisse échapper un bouquet agréable de fruits comme la poire, mais surtout un joli parfum de pêche et d'abricot. Il est vrai que les petites fleurs sont aussi perceptibles pour les nez les plus fins. Somme toute, le vin se présente en bouche avec une fraîcheur et une acidité vivifiante. Un bel équilibre, un vin bien fait et qui s'avère une belle découverte pour les budgets restreints. À servir entre 8-10°C. Prêt à boire maintenant, mais se conservera jusqu'en 2010.

Accord mets et vin

Un vin à découvrir à table avec vos plats de volaille à viande blanche. Un poulet rôti sur une canette de bière sera un bon compagnon, sinon quelques plats plus relevés à base de curry par exemple et cet argentin coquin semble tout indiqué avec la cuisine asiatique.

Gazela Vinho Verde

10,29 $

Cépage :	Albariño/alvarinho
Producteur :	Sogrape Vinhos SA
Millésime :	2006
Région :	Vinhos Verdes
Pays :	Portugal
Catégorie :	Blanc
Alcool :	9 %
Dégustation :	2008/07
CUP :	5601012045505
Fermeture :	Capsule à vis
Site Internet :	www.sograpevinhos.eu

Notes de dégustation

Un beau vin d'été demi-sec qui exhale des arômes fruités et floraux. Ce vin typique au Portugal offre un vin jaune pâle clair avec des bulles fines et peu persistantes offrant une acidité vive. Le vin s'exprime en bouche par des saveurs de pomme verte et de lime.

Accord mets et vin

Aiglefin, sole, fruits de mer, fromages à pâtes fraîches.

Trivento Tribu Viognier

10,79 $

Cépage :	Viognier
Producteur :	Trivento Bodegas y Vinedos SA - Concha Y Toro
Millésime :	2007
Région :	Mendoza
Pays :	Argentine
Catégorie :	Blanc
Alcool :	13,5 %
Dégustation :	2009/01
Fermeture :	Liège
CUP :	7798039590199
Site Internet :	www.trivento.com

Notes de dégustation

Un autre produit de la Tribu de Trivento signé du producteur Concha Y Toro dans la région prolifique des vins argentins de Mendoza, et particulièrement dans les environs de Tupungato. Nous avons un petit vin à un peu plus de 10 dollars qui offre des propriétés très honnêtes. Un vin à la robe jaune cristalline avec des reflets verdâtres qui dégage des arômes d'une complexité surprenante d'abricot, de pêche et de miel. En bouche, une attaque surprenante axée sur les fruits à saveurs tropicales et à l'acidité mordante. Servir entre 10 et 12°C.

Accord mets et vin

Un viognier qui se boit seul en apéritif, mais aussi avec un large éventail de mets et notamment de produits de la mer comme le crabe, les pétoncles, un bon pâté aux palourdes et du poisson comme la sole et le turbot. On pourrait aussi, à la rigueur, le servir avec du porc ou du poulet grillé.

Montalto White

11,79 $

Cépage :	Pinot grigio
Producteur :	Barone Montalto
Millésime :	2007
Région :	Sicile
Pays :	Italie
Catégorie :	Blanc
Alcool :	13 %
Dégustation :	2008/10
Fermeture :	Capsule à vis
CUP :	8030423001959
Site Internet :	www.baronemontalto.it

Notes de dégustation

J'ai un faible pour les vins blancs de Sicile et ce petit Montalto a fait sa place dans mon cœur dès la première gorgée. Le rouge était pour moi une découverte, mais l'arrivée de ce nouveau produit en blanc chez Alcool NB m'a ravi ! Au nez, des notes riches de pomme et de pêche. En bouche, un vin sec, fruité sans exagération tout en dégageant une belle minéralité.

Accord mets et vin

Idéal en apéro par une belle soirée d'été, mais il sera aussi agréable à table avec pâtes aux fruits de mer, coquille St-Jacques et plats de poulet.

Barefoot California Pinot Grigio

11,99 $

Cépage :	Pinot grigio
Producteur :	Barefoot Cellars
Millésime :	Non millésimé
Région :	Californie
Pays :	États-Unis
Catégorie :	Blanc
Alcool :	13 %
Dégustation :	2008/06
Fermeture :	Liège
CUP :	085000014448
Site Internet :	www.barefootwine.com

Notes de dégustation

Un bon vin de table pour l'été. Des arômes de pommes vertes et de pêches. Un vin frais et acidulé juste ce qu'il faut. Pour le prix, c'est un vin plaisir appuyé par du marketing original.

Accord mets et vin

Poulet, fruits de mer, mets asiatiques et des fromages légers.

KWV Chenin Blanc

12,29 $

Cépage :	Chenin blanc
Millésime :	2007
Producteur :	K.W.V.
Région :	Western Cape
Pays :	Afrique du Sud
Catégorie :	Blanc
Alcool :	12,5 %
Dégustation :	2009/01
Fermeture :	Capsule à vis
CUP :	748294420219
Site Internet :	www.kwv.co.za

Notes de dégustation

Ce vin a su s'attirer mon admiration rapidement. Une aubaine qui exalte davantage le riesling que le traminer. Il est fermenté dans des cuves d'acier inoxydable pour retenir les variétés de fruits frais.

Accord mets et vin

Excellent avec les sushis.

Lindemans South Africa Chardonnay

12,49 $

Cépage :	Chardonnay
Producteur :	Lindemans
Millésime :	2007
Région :	South Eastern
Pays :	Afrique du Sud
Catégorie :	Blanc
Alcool :	13,5 %
Dégustation :	2008/12
Fermeture :	Liège
CUP :	089819937721
Site Internet :	www.lindemans.com

J'ai dégusté quelques produits de Lindeman's puisqu'ils sont très présents sur les tablettes de nos magasins d'Alcool Nouveau-Brunswick. C'est toutefois le seul produit d'Afrique du Sud de cette maison que je commente dans ce livre. Vous remarquerez sans doute que je n'ai pas consacré beaucoup d'évaluation aux vins du continent africain, car nous n'avons pas une grande variété et les meilleurs produits ne sont pas toujours disponibles en grande quantité.

Notes de dégustation

Ce chardonnay sud-africain de Lindeman's est une belle réussite pour un vin blanc de moins de 15 dollars. Un vin dominé par le fruit sans être emprisonné par les arômes de fût de chêne. Les fruits tropicaux constituent sa signature aromatique et en bouche, il est doté d'une richesse, ample et beurré sans exagération. C'est un vin de tous les jours que vous pourrez apprécier à l'apéro ou en mangeant.

Accord mets et vin

Darnes de saumon grillées, filet de turbot, poulet rôti ou truite meunière. De vastes possibilités de combinaisons sont possibles avec ce vin blanc. Je l'ai dégusté avec du homard du nord-est du Nouveau-Brunswick et je dois avouer que c'était un bel accord.

Cono Sur Bio Bio Riesling

12,79 $

Cépage :	Riesling
Producteur :	Vina Cono Sur Ltda
Millésime :	2008
Région :	Bio-Bio Valley
Pays :	Chili
Catégorie :	Blanc
Alcool :	13,5 %
Dégustation :	2009/07
Fermeture :	Capsule à vis
CUP :	7804320156903
Site Internet :	www.conosur.com/en

La région de Bio-Bío Valley est désignée ainsi non pas à cause de la culture biologique, mais bien en rapport avec le fleuve qui porte ce nom et qui parcourt une grande partie de la région sud de la Vallée centrale du Chili. Le Bio-Bío est le second fleuve le plus long du Chili, avec ses 380 kilomètres. Appartenant au géant Concha Y Toro, Cono Sur fait une gamme de vins à petit prix, mais ils sont aussi capables de vins étonnants avec, entre autres, un savoir-faire particulier avec le pinot noir. Vous reconnaîtrez facilement l'étiquette des vins de Cono Sur avec la vieille bicyclette en évidence. L'œnologue Adolfo Hurtado est le maître d'œuvre de la signature de ces vins.

Notes de dégustation

C'est avec étonnement que j'ai découvert ce riesling du Chili. Un vin jaune paille avec des nuances de vert qui dégage une belle trame aromatique tout en finesse et délicatesse. Des arômes de fleurs qui sont combinés à une touche citronnée et de subtile minéralité. J'adore ce genre de vin qui flirte avec des saveurs d'agrumes et celui-ci me donne le sentiment de croquer dans des pamplemousses. Un vin plaisant en bouche et aérien qui fera les frais de l'apéro ou complémentera vos combinaisons gourmandes.

Accord mets et vin

Un riesling à savourer en présence d'un bon homard des Maritimes, voire même des crevettes et du crabe. Ce chilien s'harmonisera agréablement avec des mets fins comme le caviar, le foie gras et un bon saumon de l'Atlantique. La cuisine thaïlandaise ou les plats de volaille lui permettront aussi de faire bonne impression à table.

Las Moras Reserve Chardonnay

13,29 $

Cépage :	Chardonnay
Producteur :	Finca Las Moras
Millésime :	2007
Région :	San Juan
Pays :	Argentine
Catégorie :	Blanc
Alcool :	13,5 %
Dégustation :	2008/05
Fermeture :	Liège
CUP :	7791540090042
Site Internet :	www.fincalasmoras.com

Notes de dégustation

Un chardonnay typiquement beurré avec des notes fraîches de vanille dues à sa maturation en fût de chêne français. La gamme Las Moras est devenue pour moi un incontournable lorsque je cherche un bon vin à prix raisonnable. C'est une valeur sûre de l'Argentine et des nombreuses trouvailles que j'ai effectuées en provenance de l'Amérique du Sud durant les deux dernières années.

Accord mets et vin

Mets vietnamiens, un accord mémorable découvert à l'improviste lors d'une soirée entre amis.

Lindemans Bin 85 Pinot Grigio

13,29 $

Cépage :	Pinot grigio
Producteur :	Lindeman's
Millésime :	2007
Région :	South Eastern
Pays :	Australie
Catégorie :	Blanc
Alcool :	12 %
Dégustation :	2008/12
Fermeture :	Capsule à vis
CUP :	012354087828
Site Internet :	www.lindemans.com/

Lindeman's est un nom bien connu au niveau international et, par conséquent, au Nouveau-Brunswick puisque l'on retrouve plus d'une quinzaine de produits provenant des installations de la compagnie en Afrique du Sud et en Australie. Le fondateur, le docteur John Lindeman, était un chirurgien de la marine britannique. Avec son épouse, Eliza Brammall, ils ont construit la ferme majestueuse de Cawarra près de Gresford. C'est d'ailleurs près de la rivière Paterson qu'il planta ses premières vignes en 1843. Aujourd'hui, c'est un empire de l'industrie du vin dans le monde.

Notes de dégustation

Pour moins de 15 dollars, ce pinot grigio représente un vin honnête. Le Bin 85 est résolument un vin rafraîchissant avec ses arômes de fruits tropicaux et des notes de goyaves. Un vin qui n'a pas vieilli en fût de chêne, ce qui n'a pas toujours été la pratique en Australie. Le vin offre des belles saveurs de fruits exotiques avec un côté croustillant. La maturation s'est effectuée à 100 % dans des cuves en acier inoxydable.

Accord mets et vin

Pour les fruits de mer, c'est un bon passe-partout. Il sera aussi agréable avec des salades ou en apéritif.

Les Balmettes – Domaine du Mas Cremat 13,49 $

Cépage :	Mélange 20 % maccabeo, 20 % grenache blanc, 60 % carignan blanc
Producteur :	Domaine du Mas Cremat
Millésime :	2005
Région :	Languedoc Roussillon
Pays :	France
Catégorie :	Blanc
Alcool :	13,5 %
Dégustation :	2009/02
Fermeture :	Bouchon synthétique
CUP :	3481930113058
Site Internet :	www.mascremat.com

Notes de dégustation

Voici un Vin de Pays blanc des côtes catalanes qui apporte dans sa bouteille le caractère de son climat méditerranéen. Un vin pâle en apparence avec un jaune un peu timide et des teintes verdâtres. Le nez est enrobé d'arômes d'agrumes, dont la présence de pamplemousse, et légèrement végétal. Un vin en souplesse, une texture grasse et satinée qui coule en bouche avec la présence de son fruité subtilement acidulé qui procure une belle fraîcheur au palais. Le vin passe au moins 5 mois en cuve avant d'être mis en bouteille.

Accord mets et vin

Un vin qui se présente merveilleusement bien avec des fruits de mer, dont des crevettes ou du crabe, et il sera aussi parfait avec des salades de homard ou un poulet à l'estragon. Enfin, c'est un vin qui se prend aussi très bien en apéritif.

JF Lurton Fumées Blanches Sauvignon Blanc 13,49 $

Cépage :	Sauvignon blanc
Producteur :	JF Lurton
Millésime :	2006
Région :	Sud-Ouest
Pays :	France
Catégorie :	Blanc
Alcool :	12 %
Dégustation :	2008/12
Fermeture :	Liège
CUP :	635335961957
Site Internet :	www.domainesfrancoislurton.com

Ce vin de pays du Comté Tolosan dans le sud-ouest de la France est produit par JF Lurton. Comme vous avez pu le constater, le nom de Lurton est associé à plusieurs vins dans ce livre. Jacques et François Lurton sont les enfants d'André Lurton et ce n'est qu'une lignée de la famille, car les enfants de François sont aussi impliqués dans la production de vin. François et Jacques ont fait leur niche de propriétaires et producteurs en Argentine et au Chili et ils vinifient aussi dans cinq pays différents : Argentine, Chili, Espagne, France et Portugal. En 2007, ils ont décidé de réorganiser leur patrimoine alors que François reprend les parts de son frère et devient alors le seul actionnaire majoritaire de la société qui prend le nom de Domaines François Lurton.

Notes de dégustation

Le vin Les Fumées Blanches de Lurton arbore une robe de couleur jaune-vert assez limpide et brillante.

Les pamplemousses roses caractérisent son nez de bonne intensité avec des notes de fleurs blanches et même de papaye. C'est un vin vif, nerveux avec des saveurs de fruits tropicaux et d'agrumes en bouche. C'est un sauvignon blanc d'un classicisme évident qui culmine dans une finale soutenue et généreuse. Un vin à servir frais entre 8 à 10°C.

Accord mets et vin

Parfait avec des sushis, il fera aussi bonne impression avec les fruits de mer. Un bon saumon à l'aneth, la viande blanche ou même des huîtres feront un bon accord avec ce vin acidulé.

Pelee Island Gewurztraminer

13,49 $

Cépage :	Gewurztraminer
Producteur :	Pelee Island Winery & Vineyards
Millésime :	2007
Région :	Ontario
Pays :	Canada
Catégorie :	Blanc
Alcool :	12,5 %
Dégustation :	2009/06
Fermeture :	Liège
CUP :	777081714842
Site Internet :	www.peleeisland.com

Cette découverte remonte au Festivin du printemps 2009, alors que ce vin a été le lauréat du premier prix des vins primés dans la catégorie des vins blancs à moins de 15 dollars. À vrai dire, je n'avais jamais été un grand partisan des vins de ce vignoble, mais le gewurztraminer m'a fait reconsidérer mes perceptions. Pelee Island est une île de 42 km^2 située dans la moitié ouest du Lac Érié et demeure le point habité le plus au sud du Canada. Moins de 300 personnes résident de façon permanente sur l'Île et il faut préciser que l'industrie viticole s'y est développée à partir de 1860 et s'est éteinte tôt au début du 20e siècle avant de reprendre vers les années 1980.

Notes de dégustation

Une explosion d'arômes caractérise ce vin de couleur jaune paille. Bien qu'il soit d'une couleur de faible intensité, le nez dégage un amalgame de notes de fruits, de fleurs et de miel. Les pêches, le litchi et l'exotisme sont au rendez-vous olfactif et les roses embaument les narines dès le premier contact. En bouche, c'est aussi des saveurs fruitées et florales marquées par la poire, les cantaloups et le litchi qui enrobent le palais pour procurer au vin une rondeur agréable. Un Gewurtz bien équilibré, soyeux et qui termine sur des notes d'épices d'intensité respectable à ce prix. Le vin a fermenté dans des cuves en acier inoxydable pendant six semaines et terminé son processus de vieillissement en fût de chêne pour une durée supplémentaire de sept mois. À servir entre 10 et 12°C.

Accord mets et vin

Un vin résolument estival qu'il fera bon boire en apéritif. Pour complémenter certains plats légers de pâtes, de fromage et pour accompagner le dessert, il apportera un petit côté exotique du Canada à votre table.

Mezzacorona Pinot Grigio/ Chardonnay-Trentino DOC

13,49 $

Cépage:	Pinot grigio et chardonnay
Producteur:	Cantine Mezzacorona Societa Cooperativa Agricola
Millésime:	2006
Région:	Trentin-Haut-Adige
Pays:	Italie
Catégorie:	Blanc
Alcool:	12,5 %
Dégustation:	2008/12
Fermeture:	Liège
CUP:	8004305000088
Site Internet:	www.mezzacorona.it

Notes de dégustation

L'Italie est reconnue pour plusieurs de ses grands vins rouges de Toscane, mais il y a aussi une multitude de blancs offrant des diversités de saveurs et d'arômes un peu partout à travers le pays. Dans la lignée noble en Italie, il y a le pinot grigio. Ce vin produit dans la belle région Trentin-Haut-Adige, au pied des Dolomites au nord de l'Italie, est d'une couleur jaune paille. Il dégage des arômes fruités où l'on distingue la pomme verte, la poire et le melon au miel. Ces saveurs s'expriment aussi en bouche avec des notes de cannelle et de lime. La fin de bouche est élégante, rafraîchissante et dotée d'un bel équilibre. Un vin blanc à moins de 15 dollars qui vous procurera beaucoup de plaisir à table avec de nombreuses combinaisons.

Accord mets et vin

Un blanc à essayer avec des hors-d'œuvre, du poulet, du poisson grillé et du risotto. Il pourra aussi s'avérer un choix judicieux avec certains fruits de mer.

Jindalee Circle Chardonnay

13,79 $

Cépage :	**Chardonnay**
Producteur :	**Jindalee Wines Pty**
Millésime :	**2006**
Région :	**Sud-Est**
Pays :	**Australie**
Catégorie :	**Blanc**
Alcool :	**13 %**
Dégustation :	**2008/11**
Fermeture :	**Capsule à vis**
CUP :	**667661200165**
Site Internet :	**littorewines.com.au**

Notes de dégustation

Jindalee a changé l'allure de ses bouteilles avec son lézard qui était devenu sa marque de commerce.

Le chardonnay Jindalee circle s'est attiré les éloges de plusieurs critiques notoires dans le monde du vin. Le caractère surfait de certains vins d'Australie n'a pas été le lot de ce chardonnay. Chez les aborigènes de l'Australie the circle, le cercle, est le symbole du fruit. Le chardonnay de Jindalee est bien nanti au niveau des arômes de fruits comme la pêche, la mangue, le citron et même la pomme. Il y a des notes florales et même du pain. Un vin d'une belle structure pour moins de 15 dollars avec de la complexité et des saveurs qui donnent dans le fruit et le fût de chêne bien balancé.

Accord mets et vin

La barbue de l'Acadie, les crustacés, la cuisine asiatique, le filet de turbot, le poulet rôti et les poissons frits.

Beringer Stone Cellars Pinot Grigio

13,99 $

Cépage :	Pinot grigio
Producteur :	Beringer Blass
Millésime :	2007
Région :	Californie
Pays :	États-Unis
Catégorie :	Blanc
Alcool :	12,5 %
Dégustation :	2009/07
Fermeture :	Liège
CUP :	089819727636
Site Internet :	www.beringer.com

Notes de dégustation

J'ai visité les installations de Beringer en avril 2008. J'ai eu droit à un accueil mémorable sur cette propriété historique à quelques pas du charmant village de St-Helena. Les vins de Beringer sont élaborés avec une constance et une rigueur qui donnent raison aux consommateurs de choisir les vins sous cette griffe. Le pinot grigio de la gamme Stone cellar est un petit vin honnête qui, sans prétention, offre un bon rapport qualité-prix pour un vin de tous les jours. Au nez, il exprime les fruits tropicaux, le melon, les pamplemousses et le chèvrefeuille. Un vin qui, en bouche, offre un corps ample et exprime une sensation de douceur au palais. Doté d'une acidité croquante de citron, il plaira autant à celui qui préfère le boire seul ou pendant le repas.

Accord mets et vin

À découvrir avec des fruits de mer, des plats de pâtes légères, évitez notamment les plats avec sauce tomate.

Pinot Grigio Woodbridge by Robert Mondavi

14,29 $

Cépage :	Pinot grigio
Producteur :	Woodbridge winery
Millésime :	2006
Région :	Californie
Pays :	États-Unis
Catégorie :	Blanc
Alcool :	12 %
Dégustation :	2008/12
Fermeture :	Liège
CUP :	086003001640
Site Internet :	www.woodbridgewines.com

Robert Mondavi a grandi dans la région de Lodi en Californie. Après avoir jeté les bases de son empire dans la région de Napa, Mondavi a ensuite fondé le vignoble de Woodbridge en 1979. Cette région est située dans le nord de la Vallée San Joaquin, au pied des collines des Sierra Neveda Mountains et à proximité des rivières Mokelumne et Cosumnes, ce qui en fait un territoire propice à la culture de la vigne. D'ailleurs, il y a plus de raisin qui provient de l'appellation Lodi que de celles de Napa et Sonoma combinées.

Notes de dégustation

Un pinot grigio épatant élaboré à partir de 76 % de pinot grigio, 21 % de colombard et une infime portion de viognier. Le résultat du millésime 2006 est éloquent avec un vin d'une couleur brillante, d'un jaune pâle qui procure autant de plaisir au nez avec des arômes de pommes, de poires, de fleurs et des notes de miel. En bouche, un vin doté d'une agréable minéralité et qui s'équilibre bien avec le caractère de ses fruits. Une finale croustillante et sèche qui fait de ce vin un agréable compagnon à table.

Accord mets et vin

Un vin à savourer avec des mets orientaux (cuisine thaï ou japonaise). Il sera aussi un bon compagnon avec certaines charcuteries moyennement relevées comme le proscuitto. Il accompagne une vaste gamme de produits de la mer comme les crevettes, les huîtres et même, à la rigueur, un bon fettucine aux palourdes.

Da Luca Pinot Grigio IGT

14,29 $

Cépage :	Pinot grigio
Producteur :	Da Luca
Millésime :	2007
Région :	Vénétie
Pays :	Italie
Catégorie :	Blanc
Alcool :	13 %
Dégustation :	2008/10
Fermeture :	Liège
CUP :	5028267012517
Site Internet :	www.daluca.com

Notes de dégustation

Le Da Luca en rouge avait été une découverte du Festivin l'an dernier et l'arrivée récente du pinot grigio vient confirmer une fois de plus l'excellent rapport qualité/prix des vins de Da Luca. Ses couleurs sont plutôt timides avec une robe jaune pâle, mais son nez dégage avec élégance des notes de citron et de pomme. En bouche, un vin sec agréable par la présence de son fruit, mais aussi croustillant et doté d'une belle acidité. Un excellent choix pour boire seul ou accompagner des fruits de mer. Un coup de cœur.

Accord mets et vin

Avec les fruits de mer particulièrement ceux dans la coquille.

Dona Paula Los Cardos Sauvignon Blanc

14,49 $

Cépage :	Sauvignon blanc
Producteur :	Vina Dona Paula
Millésime :	2008
Région :	Mendoza
Pays :	Argentina
Catégorie :	Blanc
Alcool :	12 %
Dégustation :	2009/01
Fermeture :	Capsule à vis
CUP :	836950000087
Site Internet :	www.donapaula.com.ar

Notes de dégustation

Los Cardos signifie « les chardons » et je dois avouer que ce sauvignon blanc a piqué ma curiosité dès mon premier contact. Un vin argentin de la région Mendoza de l'appellation Tupungato. L'intensité de cette sublime signature aromatique est caractérisée par la lime, le pamplemousse jaune et les groseilles. On y décèle également des notes minérales et végétales. En bouche, c'est un beau vin rafraîchissant avec une texture onctueuse qui est marquée par une acidité vivifiante. La finale est légèrement poivrée avec des saveurs de pêches et dotée d'une belle longueur. Pour moins de 15 dollars, c'est l'une de mes belles découvertes en 2009.

Accord mets et vin

Un vin qui fera honneur au saumon grillé, au fromage de chèvre et aux crevettes à la salsa de mangue. Personnellement, j'adore ce vin avec la chaudrée de fruits de mer ou encore avec des sushis.

Laroche Viognier, Vin de pays d'Oc

14,49 $

Cépage :	Viognier
Producteur :	Domaine Laroche
Millésime :	2007
Région :	Languedoc-Roussillon
Pays :	France
Catégorie :	Blanc
Alcool :	13 %
Dégustation :	2008/11
Fermeture :	Liège
CUP :	3546680016476
Site Internet :	www.larochewines.com

Notes de dégustation

Un cépage que j'adore, le viognier regagne en popularité et ce vin du Domaine Laroche est un exemple de ce qui se fait de bon à moins de 15 dollars. Un nez exotique de pêche, d'abricot et une note minérale avec la présence de pierre à fusil. Des notes d'amandes sont aussi perceptibles. En bouche, une agréable sensation de fraîcheur bien équilibrée avec l'acidité du vin. Les saveurs persistent avec une finale en longueur.

Accord mets et vin

Un vin qui s'harmonisera avec certains poissons, dont du bon saumon grillé.

Weighbridge Chardonnay Peter Lehmann

14,66 $

Cépage :	Chardonnay
Producteur :	Peter Lehmann
Millésime :	2006
Région :	Sud
Pays :	Australie
Catégorie :	Blanc
Alcool :	13,5 %
Dégustation :	2008/09
Fermeture :	Liège
CUP :	9311910102250
Site Internet :	www.peterlehmannwines.com.au

Notes de dégustation

Un beau chardonnay d'Australie avec une couleur jaune paille et des reflets verts. Le nez est fruité avec des notes de pêche, mais aussi beurré, comme le démontre souvent le chardonnay. C'est un vin agréable car au goût il n'est pas trop surfait, comme c'est le cas parfois pour certains vins de cette région du globe. L'absence de fût de chêne y est certainement pour beaucoup. Peter Lehmann a bonne réputation et ce vin est un bel exemple de cette notoriété. Des fruits doux à mi-chemin au palais et surtout un bel équilibre appuyé par une acidité rafraîchissante.

Accord mets et vin

Superbe comme apéritif, il sera un compagnon loyal pour le poulet rôti, l'assiette de pâte avec sauce crémeuse et le poisson pané.

Les vins blancs entre 15 dollars et 25 dollars

Gros Manseng Sauvignon Brumont

15,29 $

Cépage :	Gros manseng
Producteur :	Domaines & Chateau d'Alain Brumont
Millésime :	2007
Région :	Sud-ouest Gascogne
Pays :	France
Catégorie :	Blanc
Alcool :	13 %
Dégustation :	2008/01
Fermeture :	Liège
CUP :	3372220000243
Site Internet :	www.brumont.fr

Notes de dégustation

Une belle présence en bouche et surtout agréable avec des produits de la mer ou en apéro durant les journées chaudes d'été.

Accord mets et vin

Pétoncles aux agrumes ou grosses crevettes sur le BBQ.

Errazuriz Sauvignon Blanc

15,79 $

Cépage :	Sauvignon blanc
Producteur :	Errazuriz
Millésime :	2008
Région :	Vallée Casablanca
Pays :	Chili
Catégorie :	Blanc
Alcool :	13,5 %
Dégustation :	2009/07
Fermeture :	Capsule à vis
CUP :	089046777329
Site Internet :	www.errazuriz.com

Nouveau produit disponible depuis le printemps 2009, ce vin de la maison Errazuriz est à l'image de la gamme des produits de qualité auxquels nous avons été habitués avec les vins rouges disponibles chez nous. La récolte 2008 a été difficile au Chili avec un hiver plus froid et sec qu'à la normale, un phénomène que l'on n'avait pas vu depuis une quarantaine d'années. Les producteurs ont donc dû faire preuve de beaucoup d'attention envers la vigne pour s'assurer que le raisin soit en santé pour produire des vins de cette qualité. La Escultura Vineyard, d'où proviennent les raisins de ce vin d'Errazuriz, a été plantée en 1992 et profite du climat plus frais provenant de l'influence de l'océan Pacifique qui est situé à quelques kilomètres seulement de la Vallée Casablanca.

Notes de dégustation

C'est un sauvignon blanc qui est typique de par ses caractéristiques. À l'aveugle, je suis persuadé qu'on pourrait croire qu'il s'agit d'un vin de Nouvelle-Zélande et en fait, ce n'est pas le premier sauvignon blanc qui m'étonne à ce point en provenance du continent sud-américain, tellement l'évolution semble avoir fait des pas de géant en qualité et particulièrement au Chili. Ce 2008 a donné un vin appuyé d'une acidité bien dosée, que les propriétés aromatiques ne peuvent trahir par ces arômes de citron. On y trouve aussi des notes florales et végétales qui se distinguent, entre autres, par de l'herbe fraîchement coupée. Un vin tout en vivacité et qui, en bouche, procure du plaisir au palais avec son côté rafraîchissant et chargé de saveur de fruits de la passion et d'agrumes.

Accord mets et vin

Un vin qui sera à son avantage avec de la nourriture. Découvrez son charme avec des brochettes de pétoncle et crevettes géantes sur le grill ou en compagnie de salades vertes, d'asperges et une majorité de fruits de mer provenant de coquillages comme des moules, huîtres et autres.

JF Lurton Araucano Sauvignon Blanc

15,79 $

Cépage :	Sauvignon blanc
Producteur :	JF Lurton
Millésime :	2005
Région :	Vallée centrale
Pays :	Chili
Catégorie :	Blanc
Alcool :	13 %
Dégustation :	2009/02
Fermeture :	Synthétique
CUP :	635335120118
Site Internet :	www.francoislurton.com

Notes de dégustation

Une autre réussite de Lurton qui s'affirme au Chili spécialement dans l'élaboration du sauvignon blanc bien fignolé. Un vin jaune pâle brillant d'une intensité aromatique ravissante de laquelle émanent des effluves de fruits tropicaux, de mangue, d'ananas et de fruits de la passion. Un sauvignon blanc complexe et généreux qui dénote aussi des arômes floraux. Une bouche nette avec un joli volume qui s'harmonise avec son acidité exaltante. À servir à une température de 10 à 12°C et à consommer dans sa jeunesse.

Accord mets et vin

Du saumon grillé avec sauce hollandaise en fera une combinaison intéressante. Les adeptes de crustacés pourront se délecter en sa présence avec notamment du crabe ou de délicieuses crevettes au citron et à l'ail. Avec des huîtres, du filet de sole au beurre citronné, du foie gras ou même du fromage de chèvre, il sera également à son meilleur. Pour ceux qui veulent un menu un peu plus viande, je recommande ce vin avec du porc, un rôti de veau ou encore de la volaille à l'estragon.

La Chamiza Professional Chardonnay

15,99 $

Cépage:	Chardonnay
Producteur:	Finca Lunlunta
Millésime:	2007
Région:	Mendoza
Pays:	Argentine
Catégorie:	Blanc
Alcool:	12 %
Dégustation:	2009/01
Fermeture:	Liège
CUP:	7798121920095
Site Internet:	www.lachamiza.com

Notes de dégustation

Pour ceux qui aiment le chardonnay galvanisé au fût de chêne, cette réserve conviendra parfaitement à vos attentes. Élevé deux mois dans des barriques de chêne et six mois dans des cuves en acier inoxydable, le vin termine son vieillissement trois mois en bouteille avant d'être lancé sur le marché. La cuvée 2007 est invitante par son nez expressif de fruits avec un exotisme marqué par les arômes d'ananas, de banane et enveloppé d'une touche vanillée. Le vin est ample en bouche avec des saveurs dominées par le fût de chêne. Personnellement, je ne recherche pas ce type de chardonnay, mais pour servir en apéritif ou à table, il pourra se mettre en valeur à certaines occasions.

Accord mets et vin

Un vin à déguster entre amis à l'apéritif ou autour d'un repas de fruits de mer, comme du bon homard du Nouveau-Brunswick. Il fera aussi bon ménage avec une coquille Saint-Jacques, un filet de turbot sauce au beurre blanc, du poulet rôti ou du saumon rôti à la sauce béarnaise.

Château Lamothe de Haux Blanc

16,99 $

Cépage:	Mélange sauvignon blanc, sémillon, muscadelle
Producteur:	Les Caves Du Château Lamothe
Millésime:	2008
Région:	Bordeaux
Pays:	France
Catégorie:	Blanc
Alcool:	12 %
Dégustation:	2009/02
Fermeture:	Liège
CUP:	3539301005010
Site Internet:	www.chateau-lamothe.com/fr

La famille Neel-Chombart est propriétaire des Caves du Château Lamothe depuis 1956.

Notes de dégustation

Les blancs traditionnels de Bordeaux étaient habituellement composés de ce mélange de trois cépages que l'on ne retrouve que très rarement. Ce vin est élaboré à parts égales de sauvignon blanc (40 %) et de sémillon (40 %), et de muscadelle (20 %). Ce trio donne au Château Lamothe de Haux une couleur jaune vif d'une brillance remarquable et laisse échapper un nez très aromatique de fruits exotiques et de fleurs. Un vin aérien qui se définit en finesse, avec une acidité vivifiante et des saveurs expressives de fruits contenant des effluves d'abricot .Un vin sec à savourer dans sa jeunesse (deux à trois ans).

Accord mets et vin

C'est un vin de 2008 qui démontre de belles propriétés notamment pour accompagner du saumon fumé, du crabe, du poisson grillé, des huîtres, les moules marinières ou du fromage de chèvre. À mon avis, il est bon dans sa simplicité en apéritif. Belle réussite.

Carte D'or Sauvion Muscadet Sèvre et Maine Sur Lie

16,99 $

Cépage :	Melon de Bourgogne
Producteur :	Sauvion & Fils
Millésime :	2005
Région :	Vallée de la Loire
Pays :	France
Catégorie :	Blanc
Alcool :	12 %
Dégustation :	2009/03
Fermeture :	Liège
CUP :	3279870608532
Site Internet :	www.sauvion.fr

Notes de dégustation

Ce muscadet de sèvre-et-maine est un peu terne. Un nez un peu faible qui ne m'a pas vraiment allumé seul, mais qui est tout à fait de mise avec des fruits de mer. En bouche, il démontre une vivacité honnête avec le caractère habituel d'un muscadet de sèvre-et-maine. Pour le même prix, ou presque, je préfère toujours le classicisme La Sablette.

Accord mets et vin

Je l'ai dégusté avec des huîtres gratinées, il fera bon ménage avec certains poissons à chair blanche.

Santa Rita Reserva Sauvignon Blanc

16,99 $

Cépage :	Sauvignon blanc
Producteur :	Santa Rita
Millésime :	2007
Région :	Vallée de Casablanca
Pays :	Chili
Catégorie :	Blanc
Alcool :	13,5 %
Dégustation :	2008/11
Fermeture :	Liège
CUP :	089419007138
Site Internet :	www.santarita.com

La maison Santa Rita occupe les tablettes des magasins d'Alcool NB Liquor depuis plusieurs années. C'est une maison chilienne de bonne réputation et dont on ne retrouve pas moins d'une quinzaine de variétés de vins qui varient de 13 à près de 55 dollars dans les vins de la gamme prestige.

Ce sauvignon blanc Reserva de la Vallée de Casablanca est un coup de cœur personnel. Le sauvignon blanc Santa Rita 120, qui a remporté la palme des vins primés du Festivin en 2008, et dont je parle aussi dans ce livre, est également très bon. Toutefois, je préfère le Reserva pour son acidité vive et croustillante.

Notes de dégustation

Un beau vin jaune très pâle avec des reflets verts. Au nez, une explosion d'agrumes dont la présence du pamplemousse et de la lime. Un caractère herbacé se dégage aussi au 2e nez. La bouche est un réel plaisir pour les papilles gustatives, avec cette fraîcheur découlant de l'acidité de ce vin qui incarne la jeunesse et qui culmine vers une longue finale procurant un vilain plaisir lorsqu'il est servi durant une chaude journée d'été.

Accord mets et vin

Un vin qui est source de bonheur simplement comme ça, en apéritif sur le bord de la piscine. Par contre pour ceux qui n'aiment pas l'acidité des blancs, je vous suggère de le savourer avec la nourriture. De la volaille, des fruits de mer, un cocktail de crevettes et pourquoi pas du caviar. Un chic fou!

Don David Torrontes Reserve

16,99 $

Cépage:	Torrontes
Producteur:	Michel Torino
Millésime:	2007
Région:	Vallée de Cafayate
Pays:	Argentine
Catégorie:	Blanc
Alcool:	13,8%
Dégustation:	2008/10
Fermeture:	Liège
CUP:	7790189000023
Site Internet:	www.micheltorino.com.ar

Notes de dégustation

Un vin typique de l'Argentine, un cépage méconnu de plusieurs, le torrontes. Un blanc aromatique aux parfums d'exotisme. Celui-ci est équilibré et doté d'une signature aromatique envoûtante de roses et de fleurs jaunes. Une minéralité discrète qui complète la portion olfactive. En bouche, un vin onctueux doté d'une acidité rafraîchissante. Les fruits tropicaux s'y retrouvent et culminent dans une finale persistante. Un vin prêt à boire, mais qui pourrait se conserver jusqu'en 2011. À servir entre 10 et 12°C.

Accord mets et vin

Découvrez ce vin avec des sushis, un cocktail de crevettes à la salsa de fruits, des pâtes au pesto ou encore du bon saumon de l'Atlantique en sauce.

Sumac Ridge Private Reserve Gewurztraminer

16,99 $

Cépage :	Gewurztraminer
Producteur :	Sumac Ridge Winery
Millésime :	2007
Région :	Okanagan Valley
Pays :	Canada
Catégorie :	Blanc
Alcool :	13,5 %
Dégustation :	2009/07
Fermeture :	Liège
CUP :	778876128936
Site Internet :	www.sumacridge.com

Notes de dégustation

Une belle réussite canadienne que ce gewurz. Un nez caractérisé par des arômes de pelures d'orange, le liché, le muscat, mais aussi un aspect floral de roses. Le vin est vif et le fruit s'exprime dans sa plus pure expression. Servir à 11°C avant la fin 2012.

Accord mets et vin

Les mets orientaux et japonais seront parfaits.

Villa Antinori Bianco

16,99 $

Cépage :	Mélange trebbiano et chardonnay
Producteur :	Marchese Antinori
Millésime :	2006
Région :	Toscane
Pays :	Italie
Catégorie :	Blanc
Alcool :	12 %
Dégustation :	2009/03
Fermeture :	Liège
CUP :	8001935353201
Site Internet :	www.antinori.it

La Maison Antinori signe ce vin en blanc et le Villa Antinori a été présenté pour la première fois par Niccolo Antinori, le père de Piero Antinori, avec le millésime de 1931. Fait à souligner, l'étiquette du vin est demeurée inchangée jusqu'en 1989 ou celle-ci a été légèrement adaptée à un nouveau style. Quant au vin, ce n'est qu'en 1980 qu'on a commencé à y ajouter du chardonnay pour obtenir un peu plus de structure.

Notes de dégustation

Ce blanc toscan est d'une couleur jaune paille avec des nuances de vert. C'est un mélange de 70 % de trebbiano et malvoisie et de 30 % de chardonnay et de pinot bianco. C'est un vin honnête avec un nez de citron et de fruits à chair blanche de poire et de pomme. Une subtile touche florale se dégage aussi de son parfum. Un vin un peu minéral, relevé aussi par des saveurs aromatiques et une acidité rafraîchissante, offrant une belle persistance en finale.

Accord mets et vin

Un vin qui est un peu moins idéal seul ; il fera donc un excellent compagnon avec des hors-d'œuvre, le poisson, le poulet ou le porc. Un autre vin qui sera intéressant avec les mets japonais comme les sushis.

Cave Spring Riesling

16,99 $

Cépage :	Riesling
Producteur :	Cave Spring Cellars
Millésime :	2006
Région :	Niagara
Pays :	Canada
Catégorie :	Blanc
Alcool :	11 %
Dégustation :	2009/07
Fermeture :	Liège
CUP :	779334345834
Site Internet :	www.cavespringcellars.com

La région de Niagara possède une sublime route des vins. Établi depuis 1978, Cave Spring cellars fait partie de ce circuit qui mérite le détour. Situé au 3836 Main Street aux limites de la localité de Jordan en Ontario, Cave Spring cellars est un endroit offrant des visites et aussi la possibilité de déguster ses vins. Les raisins de ce vignoble sont cultivés dans de bonnes conditions ayant des vignes de plus de 20 ans d'âge, plantées dans un sol doté d'une belle minéralité. En fait, les vignes poussent sur le plateau des escarpements du Niagara qui surplombent le Lac Ontario, mieux connu sous le nom de Beamsville Bench.

Notes de dégustation

Ce riesling typiquement canadien offre une robe brillante d'un jaune pâle. Un vin sec, d'une acidité mordante et minérale qui explose au nez avec des arômes fruités de pêche blanche et de prune jaune. Un joli parfum floral de lys s'ajoute à ce bouquet qui excite les sens. En bouche, les saveurs de pêches et de pamplemousses sont aussi appuyées par une touche minérale, légèrement épicée et acidulée. Il me semblait toutefois que le millésime 2005 était plus équilibré que le 2006. Un vin qui se consomme dès maintenant, mais qui pourrait se préserver au-delà de 2012. Je souhaite que l'on puisse revoir ce bon riesling canadien sur nos tablettes, car l'inventaire était à sec au moment d'écrire ces lignes.

Accord mets et vin

Un vin parfait pour un repas de truites ou encore pour les amateurs de pétoncles, crevettes. Personnellement, je le vois très bien accompagner des sushis, du fromage de chèvre et du crabe du Nouveau-Brunswick.

Sauvignon blanc Rosemount Diamond label 16,99 $

Cépage :	Sauvignon blanc
Producteur :	Rosemount Estate Pty
Millésime :	2006
Région :	South Eastern
Pays :	Australie
Catégorie :	Blanc
Alcool :	13 %
Dégustation :	2009/07
Fermeture :	Liège
CUP :	012894891411
Site Internet :	www.rosemountestate.com.au

Après avoir dégusté un 2005 qui n'était plus très attrayant, mais encore sur les tablettes de certaines succursales, je me suis réconcilié avec le millésime 2006. Il faut préciser que ce sauvignon sera à son meilleur dans les deux années suivant sa mise en bouteilles. Rosemount Estate produit de bons vins sous la désignation Diamond Label et j'ai particulièrement adoré le chardonnay.

Notes de dégustation

Ce sauvignon blanc d'Australie offre un style moderne tout en conservant des propriétés recherchées habituellement avec ce genre de cépage. Des fruits mûrs, une couleur jaune de bonne intensité avec des reflets verts. Un vin croustillant avec une touche rafraîchissante par ses arômes de kiwi et de grenadille qui procurent au vin des notes de saveurs acidulées.

Accord mets et vin

Bon choix avec des salades légères, des fruits de mer et des huîtres. À la rigueur, on pourrait même l'adopter avec certains sushis.

d'Arenberg The Stump Jump White

17,29 $

Cépage :	Assemblage (mélange)
Producteur :	Arenberg Pty Ltd
Millésime :	2006
Région :	McLaren
Pays :	Australie
Catégorie :	Blanc
Alcool :	13,5 %
Dégustation :	2008/09
Fermeture :	Capsule à vis
CUP :	9311832015003
Site Internet :	www.darenberg.com.au

Notes de dégustation

Un mélange australien fort bien réussi par un excellent producteur qui s'illustre avec constance. Au nez, ce vin exhibe des notes de fruits de la passion, abricots, amandes, citrons et pêches en plus d'offrir un petit côté légèrement épicé. C'est un vin sec qui, en bouche, offre des saveurs exquises et rafraîchissantes qui plairont presque à coup sûr aux amateurs de blancs avec son acidité vivifiante. De plus, il est doté d'une capsule à vis ce qui ajoute aux petits plaisirs pratiques d'un beau vin sans prétention !

Accord mets et vin

Un vin qui s'harmonise avec les mets d'été mais qui pourra même accompagner avantageusement certains plats de cuisine asiatiques.

St Hallett Poachers Blend Sémillon-Sauvignon blanc 17,29 $

Cépage :	**Mélange**
Producteur :	**Lion Nathan Wine Group**
Millésime :	**2007**
Région :	**Barossa**
Pays :	**Australie**
Catégorie :	**Blanc**
Alcool :	**11,5 %**
Dégustation :	**2008/12**
Fermeture :	**Capsule à vis**
CUP :	**9316920000329**
Site Internet :	**www.sthallett.com.au**

Les raisins de ce mélange de sémillon et sauvignon blanc proviennent des régions de Barossa et une certaine quantité d'Eden Valley. On y ajoute aussi une certaine quantité de Riesling selon certaines informations recueillies sur le site. Le sémillon est récolté à trois moments différents dans sa maturité. St Hallett a été nommé établissement vinicole de l'année en 2004 par le Magazine Wine & Spirit.

Notes de dégustation

Un vin à la couleur jaune paille offrant une subtile touche de vert. Ce qui attire l'attention au nez, c'est la fragrance de fruits tropicaux, de melon, cantaloups et ses notes de lime et même végétales. Il procure en bouche un réel plaisir par sa générosité et la persistance de ses fruits qui se finalisent au palais avec un soupçon citronné. Un vin avec une acidité vivifiante en équilibre avec sa structure. Un beau vin blanc d'Australie qu'il faudra savourer dans les deux ans suivant sa mise en marché.

Accord mets et vin

Ce mélange se prête bien aux mets thaï de fruits de mer et fera certainement bonne figure avec le crabe de l'Acadie. Personnellement un bon spaghetti aux palourdes de la Baie de Caraquet est toujours une expérience agréable.

J. Lohr Bay Mist Riesling

17,29 $

Cépage :	Riesling
Producteur :	Jerry Lohr Estate
Millésime :	2006
Région :	Californie
Pays :	États-Unis
Catégorie :	Blanc
Alcool :	12,9 %
Dégustation :	2008/08
Fermeture :	Liège
Site Internet :	www.jlohr.com

Notes de dégustation

La région de Monterey produit de beaux spécimens de vin. Ce riesling présente un nez offrant un amalgame de fruits comme la pomme verte et les abricots, mais aussi un bouquet dominé par une bonne minéralité. En rétroolfaction, c'est la rose qui se distingue. En bouche, le vin est doté d'une légère acidité qui est toutefois un peu trop éclipsée par son côté assez fruité. Heureusement, la présence du sucre résiduel permet de donner un peu plus d'élégance au vin. C'est un vin agréable, mais à plus de 17 dollars, il se fait de meilleurs rieslings à mon avis. Toutefois, dans le contexte de la Californie, c'est toutefois une belle réussite signée par Jerry Lohr.

Accord mets et vin

Poulet basilic thaï, poulet au curry indien. Je l'ai essayé avec une brochette de pétoncles à la coriandre sur un lit de riz et c'était fort agréable.

Marques de Riscal, Blanco, Rueda

17,49 $

Cépage :	**Verdejo et viura**
Producteur :	**Vinos de los Herederos del Marques**
Millésime :	**2007**
Région :	**Rueda, Castille-et-León**
Pays :	**Espagne**
Catégorie :	**Blanc**
Alcool :	**12,5 %**
Dégustation :	**2009/07**
Fermeture :	**Capsule à vis**
CUP :	**8410866430019**
Site Internet :	**www.marquesderiscal.com**

L'Espagne est le 3e pays producteur de vin sur la planète et au 5e rang en ce qui concerne la consommation. Toutefois, en termes de surface exploitée, l'Espagne est au 1er rang. Il faut préciser que quantité ne rime pas toujours avec qualité et c'est particulièrement vrai lorsque l'on parle des vins blancs. Néanmoins, il y a quelques exceptions comme ce Marques de Riscal de Rueda.

Notes de dégustation

Élaboré à partir du cépage verdejo et du viura (Macabeo), ce blanc est sec et doté d'une acidité croustillante. Un vin à la robe jaune pâle dégageant un bouquet de fleurs et d'arômes parfumés. En bouche, c'est un blanc à la fois léger et nerveux, à la texture ronde. C'est un vin expressif à souhait avec des saveurs de fruits tropicaux, de bananes et de pamplemousses et appuyé d'une finale agréable qui persiste en bouche. Le 2007 arbore maintenant une capsule à vis et possède un degré d'alcool moindre, car le 2006 était à 13,5 %. Personnellement, je préfère le millésime 2007.

Accord mets et vin

Essayez-le avec du poulet grillé, mais il fera spécialement un merveilleux mariage avec les pâtes accompagnées de sauce crémeuse et les plats de fruits de

mer de l'Acadie. Avec la cuisine espagnole, la paella fera aussi un bel accord.

Riesling McWilliams Hanwood Estate

17,49 $

Cépage :	Riesling
Producteur :	McWilliams
Millésime :	2006
Région :	South Eastern
Pays :	Australie
Catégorie :	Blanc
Alcool :	12 %
Dégustation :	2008/08
Fermeture :	Capsule à vis
CUP :	085000013144
Site Internet :	www.mcwilliamswine.com

Notes de dégustation

L'Australie démontre de plus en plus d'aptitudes à élaborer de bons rieslings. Ce vin demi-sec exhibe du fruit et offre une belle amplitude en bouche avec une finale qui s'étire. C'est un excellent rapport qualité-prix. La maison McWilliam a reçu de beaux honneurs dernièrement et ce vin démontre un souci évident de vouloir plaire aux adeptes de riesling. Un vin prêt à boire qui se conservera jusqu'en 2009.

Accord mets et vin

Fruits de mer, crustacés et coquillages crus avec citron. Les poissons à chair grasse comme le thon, le saumon et le maquereau. Excellent avec les sushis.

Fat Bastard Chardonnay

17,49 $

Cépage :	Chardonnay
Producteur :	Fat Bastard
Millésime :	2006
Région :	Languedoc-Roussillon
Pays :	France
Catégorie :	Blanc
Alcool :	13,5 %
Dégustation :	2008/06
Fermeture :	Liège
CUP :	3700067800045
Site Internet :	www.fatbastardwine.com

Notes de dégustation

Un vin « français » à la méthode Nouveau Monde qui se distingue par sa touche de fût de chêne, son goût noisette et épicé. Le tout culmine dans une finale croustillante et rafraîchissante. Quelques dollars de trop à mon avis, mais le marketing fait le travail de séduction.

Accord mets et vin

Pizza à la grecque, fromages, fruits de mer, volaille et pâtes à la crème.

Chenin Blanc Laroche by L'Avenir

17,79 $

Cépage :	Chenin blanc
Producteur :	Domaine Laroche
Millésime :	2007
Région :	Western Cape
Pays :	Afrique du Sud
Catégorie :	Blanc
Alcool :	12,5 %
Dégustation :	2009/01
Fermeture :	Capsule à vis
CUP :	6008922000645
Site Internet :	www.lavenir-south-africa.com

Laroche possède des installations en France, au Chili et, depuis 2005, sous l'étiquette L'Avenir, en Afrique du Sud. Michel Laroche offre d'ailleurs une gamme de vins des plus intéressantes sur le continent africain. Le chenin blanc est un cépage typique de ce pays et trouve son plein potentiel grâce à un climat sec et ensoleillé. L'Avenir est une propriété située à Stellenbosch, capitale viticole sud-africaine. C'est une charmante petite ville universitaire distante d'à peine une quinzaine de kilomètres de l'océan.

Notes de dégustation

Grâce à une fermentation en cuve en acier inoxydable, ce vin blanc est généreux, élégant et classique. C'est un vin d'un beau jaune paille clair aux reflets verts. Fruité, il dégage des arômes d'ananas, de poires et légèrement citronnés. Ce chenin offre une bouche ronde, riche et rafraîchissante. Un vin qui s'exprime par une belle finale et qui laisse percevoir une acidité vivifiante et croustillante. C'est un vin à servir à 10°C. Un produit qui était disponible au début 2009, mais qui pourrait ne pas être disponible durant toute l'année.

Accord mets et vin

Un vin qui trouvera une belle harmonie avec des fruits de mer, dont une coquille Saint-Jacques, des crevettes grillées, du homard, du foie gras frais, du fromage de chèvre et une vaste gamme de poissons.

McManis Family Pinot Grigio

18,49 $

Cépage:	Pinot grigio
Producteur:	McManis Family Vineyards
Millésime:	2007
Région:	Californie
Pays:	Etats-Unis
Catégorie:	Blanc
Alcool:	12,5 %
Dégustation:	2009/05
Fermeture:	Capsule à vis
CUP:	670580006176
Site Internet:	www.mcmanisfamilyvineyards.com

Notes de dégustation

Jaune paille aux reflets verts, ce vin du producteur McManis présente des propriétés olfactives plutôt attrayantes avec un bouquet qui est dominé par des arômes exotiques d'abricot et de mangue et une touche de fruits à chair blanche comme la poire et la pomme. Il y a dans ce vin un côté rafraîchissant, un peu acidulé avec des saveurs qui sont perceptibles au nez et une touche de citron. Un pinot grigio qui a une finale qui tient la route et je crois que le vin sera à son meilleur avec un repas entre amis.

Accord mets et vin

Un vin qui fera parfaitement l'affaire avec des fruits de mer que nous avons en abondance au Nouveau-Brunswick, dans les régions du littoral de l'Acadie. Avec du crabe ou des crevettes, il sera tout à fait à la hauteur. Avec des plats de pâtes, il pourrait aussi être de mise pourvu qu'on évite les sauces à base de tomate. Pour les amateurs de vins et fromages, ce vin est recommandé avec des fromages doux.

Sterling vintners Chardonnay

18,79 $

Cépage :	Chardonnay
Producteur :	Sterling vineyard
Millésime :	2005
Région :	Central coast, Californie
Pays :	États-Unis
Catégorie :	Blanc
Alcool :	13.5 %
Dégustation :	2008/07
Fermeture :	Liège
CUP :	5010103913232
Site Internet :	www.sterlingvineyards.com

Notes de dégustation

J'ai eu la chance de visiter les installations de Sterling vineyard dans Napa, un site d'une incroyable beauté. Le vin est aussi signe d'un grand raffinement. Ce chardonnay est un bel exemple, avec ses arômes où le fruit ne devient pas trop masqué par le fût de chêne. Un vin dont on ne se lasse pas et encore sous la barre des 20 dollars.

Accord mets et vin

Côtelettes de porc, poulet, fruits de mer.

Trei Hectare Chardonnay

18,99 $

Cépage :	Chardonnay
Producteur :	Murfatlar Romania SA
Millésime :	2006
Région :	Murfatlar
Pays :	Roumanie
Catégorie :	Blanc
Alcool :	13 %
Dégustation :	2008/12
Fermeture :	Liège
CUP :	5942002001379
Site Internet :	www.murfatlar.com

En Roumanie, il n'y a pas que les histoires de Dracula ou les prouesses de Nadia Comaneci. Il y a des vignes, et la qualité de certains produits est d'ailleurs notoire. Ce chardonnay de la région de Murfatlar est un exemple de cette affirmation. Le vignoble, situé aux abords de la Mer Noire, profite de plus de 300 jours d'ensoleillement.

Notes de dégustation

Un chardonnay élégant avec du fût de chêne bien dosé qui ne masque pas trop les arômes du fruit et sa richesse. Un vin sec croustillant possédant un bel équilibre et une longueur appréciable. Un vin à servir entre 10 et 12°C.

Accord mets et vin

Dinde, casserole aux fruits de mer et porc aux arachides et tangerines.

Mâcon Villages Chardonnay Blason de Bourgogne — 18,99 $

Cépage :	Chardonnay
Producteur :	Blason de Bourgogne - Les Vignerons des Grandes Vignes
Millésime :	2006
Région :	Bourgogne
Pays :	France
Catégorie :	Blanc
Alcool :	13 %
Dégustation :	2009/01
Fermeture :	Capsule à vis
CUP :	3443200032049
Site Internet :	www.blason.com

Notes de dégustation

La Bourgogne demeure un terroir de qualité malgré des prix qui sont parfois un peu démesurés. Toutefois, les traditions demeurent bien vivantes et cette appellation Macon-Village représente un bel exemple de vin bien soigné. Une belle robe jaune paille avec un nez fin de fleurs et de pommes. C'est un blanc croustillant, rafraîchissant qui offre une belle minéralité aussi perceptible dans les saveurs avec une touche de pierre à fusil. Un vin charmeur qui fera bonne impression en compagnie de plusieurs plats à base de fruits de mer. Un vin prêt à boire, mais qui peut se conserver jusqu'en 2010. La température de service suggérée est de 10 à 12°C.

Accord mets et vin

Pour les amateurs de fruits de mer, c'est un vin tout désigné. Que ce soit avec des crustacés avec sauce à la crème, pour vos délices en coquillages ou encore avec des poissons à chair maigre comme la sole et l'aiglefin, vous trouverez certainement une bonne combinaison avec la diversité des produits que nous avons au Nouveau-Brunswick. Un fromage à pâte molle représente aussi un mariage réussit avec ce beau blanc de Bourgogne.

Wolf blass Yellow Label Riesling

18,99 $

Cépage :	Riesling
Producteur :	Wolf Blass
Millésime :	2007
Région :	South Australia
Pays :	Australie
Catégorie :	Blanc
Alcool :	11,5 %
Dégustation :	2009/02
Fermeture :	Capsule à vis
CUP :	098137333498
Site Internet :	www.wolfblass.com.au

Notes de dégustation

Près de la Ville d'Adelaïde, en provenance des collines du même nom dans la Vallée d'Eden en Australie, Wolf Blass cultive du riesling digne des bons vins de ce cépage plus populaire en Allemagne. De cette région australienne, bordant le voisinage de la Vallée de Barossa, est élaboré ce vin au caractère distinctif. Un vin d'un beau jaune aux reflets verts et dont les arômes acidulés et citronnés dégagent aussi des notes de pommes vertes. Un vin minéral et dont l'acidité émane du bouquet. En bouche, il est juteux avec des saveurs de pomme, de poire et de menthe. Tout en étant sec, il est aussi appuyé par un beau sucre résiduel. Sa texture légèrement grasse lui donne un cachet élégant et il offre également une belle complexité et une finale honnête.

Accord mets et vin

Les fruits de mer, comme les pétoncles grillés, feront un bel accord avec ce riesling. Il sera aussi de mise avec des huîtres nature, du crabe et même du poulet à l'estragon.

Folie à Deux – Ménage à Trois White

19,29 $

Cépage:	Assemblage de chardonnay, muscat et de chenin blanc.
Producteur:	Trinchero Family Estates
Millésime:	2007
Région:	Californie
Pays:	États-Unis
Catégorie:	Blanc
Alcool:	14,1 %
Dégustation:	2009/07
Fermeture:	Liège
CUP:	099988071058
Site Internet:	www.folieadeux.com

Notes de dégustation

Lors de ma visite dans Napa en début 2008, je me suis rendu aux installations de Folie à deux. Des gens sympathiques ayant un sens des affaires et du marketing m'ont accueilli. La gamme des vins Folie à deux Ménage à Trois a séduit les consommateurs du Nouveau-Brunswick. Il est disponible en rosé, blanc ou rouge. Le blanc est un assemblage de trois cépages (d'où l'originalité du nom) soit le chardonnay, le muscat et le chenin blanc. C'est un vin offrant de belles qualités olfactives avec ses arômes de fruits tropicaux et de citron. En bouche, c'est un vin aux saveurs rafraîchissantes avec une acidité élégante et croustillante. Une expérience gustative délectable. Attention ce vin a aussi un semblant, soit le Wild Bunch qui est issu presque des mêmes raisins, auquel s'ajoutent le pinot grigio et le sauvignon blanc. Toutefois, au moment d'écrire ces lignes, l'inventaire était pratiquement écoulé.

Accord mets et vin

Un vin agréable seul en apéritif ou avec des huîtres chaudes avec beurre à l'ail. Il sera aussi sublime avec la plupart des mets de poulet et poissons. Un bon pain français et du fromage de chèvre feront aussi honneur à ce vin.

Masi Masianco 19,99 $

Cépage :	Assemblage de pinot grigio et verduzzo
Producteur :	Masi agricola
Millésime :	2006
Région :	Vénétie
Pays :	Italie
Catégorie :	Blanc
Alcool :	13 %
Dégustation :	2008/11
Fermeture :	Liège
CUP :	8002062001652

Notes de dégustation

J'ai dégusté ce vin lors d'une soirée hors-d'œuvre et vins italiens, un rendez-vous entre amis que l'on organise annuellement sur un thème de vin différent. J'ai découvert ce bel assemblage de pinot grigio et verduzzo durant cette récente édition de notre événement. Un vin à la robe jaune pâle et des reflets verts. Au nez, un vin ayant des arômes floraux et fruités notamment avec des notes de poires et pommes. En bouche, un vin rafraîchissant, doté d'une acidité croustillante. Un vin d'intensité moyenne qui procure un réel plaisir avec la nourriture. La présence du verduzzo apporte des saveurs de fruits tropicaux qui lui confèrent une personnalité intéressante.

Accord mets et vin

Hors-d'œuvre, poissons et viandes blanches grillées.

À servir entre 8 et 10°C.

Anthilia Sicilia, Tenuta Donnafugata

20,29 $

Cépage :	Assemblage d'ansonica et de catarratto
Producteur :	Donnafugata
Millésime :	2006
Région :	Sicile
Pays :	Italie
Catégorie :	Blanc
Alcool :	13 %
Dégustation :	2008/09
Fermeture :	Liège
CUP :	8000852000113
Site Internet :	www.donnafugata.it

Notes de dégustation

De tous les vins blancs de l'Italie, j'ai un faible pour les vins de la Sicile et cette bouteille confirme encore plus mon affection pour ce terroir. L'Anthilia Sicilia, Tenuta Donnafugata est un mélange à base d'ansonica et de catarratto. Il en résulte un vin aromatique avec des notes de poires, d'amandes, d'agrumes et d'abricot. C'est un vin qui va gagner en popularité chez nous, au Nouveau-Brunswick, à cause de l'abondance des fruits de mer. En bouche, c'est un beau blanc ample et soyeux au palais.

Accord mets et vin

Idéal en apéritif, il saura se marier harmonieusement avec les fruits de mer.

Sauvignon blanc Kim Crawford

20,99 $

Cépage :	Sauvignon blanc
Producteur :	Kim Crawford
Millésime :	2007
Région :	Marlborough
Pays :	Nouvelle-Zélande
Catégorie :	Blanc
Alcool :	13 %
Dégustation :	2009/07
Fermeture :	Capsule à vis
CUP :	9419227006275
Site Internet :	www.kimcrawfordwines.co.nz

Les millésimes 2006 et 2008 ont été supérieurs au 2007, mais il n'en demeure pas moins qu'il s'agit d'un excellent sauvignon blanc de la Nouvelle-Zélande. Ce qui est fascinant, concernant l'histoire du vignoble de ce couple, Kim et Erica Crawford, c'est qu'ils ont lancé leurs premières bouteilles sous la désignation Kim Crawford en 1996. En peu de temps, ils ont été en mesure de commercialiser des vins et d'atteindre des hauts niveaux de qualité qui leur ont valu de figurer sur la liste des 100 meilleurs vins du Wine Spectator à deux reprises avec ce savoureux sauvignon blanc.

Notes de dégustation

Le vin de 2007 est caractérisé par une belle robe jaune pâle accentuée de reflets verdâtres. Le nez s'exprime par des notes de fruits tropicaux, légèrement herbacés et qui font ressortir la lime en dominance. En bouche, le vin est encore plus surprenant avec ses fruits appuyés par une acidité mordante, vive et croustillante à souhait. Il occupe le palais avec amplitude avec ses saveurs de fruits tropicaux qui en feront un bon apéritif lors des superbes journées chaudes de l'été. Le vin est prêt à boire maintenant, mais avec de bonnes conditions d'entreposage, il pourra se conserver jusqu'en 2011-2012.

Accord mets et vin

En bouche, c'est la fête, particulièrement avec un cocktail de crevettes à la salsa de mangues et poivrons. Je dois préciser que ce mariage est le summum de mes expériences des accords mets et vins cette année. Il sera agréable avec des salades, les poissons en général et les plats de fruits de mer, dont les huîtres. Fait assez rare pour un vin, il fera un bon mariage avec les asperges.

Stoneleigh Marlborough Sauvignon Blanc

21,29 $

Cépage :	Sauvignon blanc
Producteur :	Stoneleigh
Millésime :	2007
Région :	Marlborough
Pays :	Nouvelle-Zélande
Catégorie :	Blanc
Alcool :	13 %
Dégustation :	2009/03
Fermeture :	Capsule à vis
CUP :	9414505957010
Site Internet :	www.stoneleigh.co.nz

J'avais grandement apprécié le pinot noir de cette maison et je dois dire que je n'ai pas été déçu par ce sauvignon blanc honnête. Je trouve toutefois le prix un peu problématique, surtout qu'il se fait d'excellents chiliens pour cinq ou six dollars de moins. Il n'en demeure pas moins que la Nouvelle-Zélande, et particulièrement la région viticole de Marlborough, sait mettre en valeur l'expression de ce terroir.

Notes de dégustation

Un sauvignon blanc limpide à la robe jaune pâle avec une touche de reflets verts qui expriment sa jeunesse. Un nez expressif de fruits et particulièrement dans la trame aromatique des agrumes avec le citron et le pamplemousse rose. On décèle également une touche minérale qui prend toute sa dimension en bouche avec aussi une pointe d'acidité vibrante qui s'harmonise avec ses fruits qui s'expriment avec élégance.

Accord mets et vin

Vous avez le goût de savourer des fruits de mer, alors assurez-vous d'avoir une bouteille de ce sauvignon blanc à portée de main, car il représente une belle combinaison avec ce type de plat. Crevettes grillées, huîtres, moules ou encore des pétoncles sautés sont fortement conseillés et pourquoi pas des sushis. Enfin, comme il s'accorde avec beaucoup de mets, j'ai tendance à croire qu'il serait aussi bon avec du saumon grillé ou même un poulet à l'estragon. Il est préférable de consommer ce vin jeune et de le servir frais soit entre 8 et 10°C.

Spy Valley Sauvignon Blanc

21,49 $

Cépage:	**Sauvignon blanc**
Producteur:	**Spy Valley Wines**
Millésime:	**2007**
Région:	**Marlborough**
Pays:	**Nouvelle-Zélande**
Catégorie:	**Blanc**
Alcool:	**13 %**
Dégustation:	**2008/09**
Fermeture:	**Capsule à vis**
CUP:	**9421008350033**
Site Internet: www.spyvalleywine.co.nz	

Notes de dégustation

La région de Marlborough produit des vins de sauvignon blanc d'une qualité difficile à surpasser. Le Spy Valley en est le parfait exemple. Ce vin offre une belle minéralité et une acidité savoureuse. Presque crayeux en bouche, il dégage un bouquet de pamplemousse rose et un nez herbacé. Le côté agrume se perçoit en bouche. Un goût frais et une finale soutenue de fruits mûrs.

Accord mets et vin

Poissons, crevettes aux poivrons et salsa. Je l'ai essayé avec une roulade de filet de sole en sauce et je dois avouer que c'était exquis!

Chardonnay Bonterra Mendocino

21,49 $

Cépage :	Chardonnay
Producteur :	Bonterra Vineyards
Millésime :	2007
Région :	Californie
Pays :	Etats-Unis
Catégorie :	Blanc
Alcool :	13,5 %
Dégustation :	2008/12
Fermeture :	Liège
CUP :	082896780419
Site Internet :	www.bonterra.com

La culture agrobiologique est de plus en plus populaire dans le monde du vin. La Californie possède un lot d'adeptes de cette méthode de culture de la vigne et avec le réchauffement planétaire et la sensibilisation à l'environnement, un grand nombre de personnes ne jurent que par les produits biologiques. Le vinificateur Robert Blue est celui qui a laissé son empreinte dans la fabrication de ce chardonnay de Bonterra dans la région de Mendocino en Californie. La majorité des raisins proviennent d'un corridor de 12 miles le long des rives de la Russian River. C'est un chardonnay auquel on ajoute aussi d'infimes quantités de viognier, roussanne et muscat.

Notes de dégustation

Un joli chardonnay qui démontre au visuel une robe d'un jaune paille assez profond. Le nez est un réel plaisir par ses arômes de citron, de miel entremêlé avec des notes tropicales d'ananas et de la vanille. L'application du fût de chêne français neuf donne un chardonnay sans excès, sobre et élégant par ses saveurs de pommes vertes et légèrement citronnées. Le caramel et les amandes sont aussi perceptibles dans la phase gustative. C'est un vin équilibré pour son mariage entre les fruits et l'acidité. Un « chard » californien en douceur et qui glisse dans le palais avec raffinement. Un vin à servir entre 10 et 12°C. Un vin prêt à boire, mais il pourra se conserver jusqu'en 2012.

Accord mets et vin

À déguster avec du homard, du poulet, des fruits de mer grillés ou même un filet de porc aux fines herbes. Un fettucine Alfredo fera également bonne impression avec ce vin. Du veau avec sauce aux champignons pourrait aussi s'avérer intéressant.

Oyster Bay Chardonnay

21,49 $

Cépage :	Chardonnay
Producteur :	Oyster Bay
Millésime :	2007
Région :	Marlbourough
Pays :	Nouvelle-Zélande
Catégorie :	Blanc
Alcool :	13,5 %
Dégustation :	2009/03
Fermeture :	Capsule à vis
CUP :	9415549801604
Site Internet :	www.oysterbaywines.com

La région de Marlborough est davantage renommée pour ses sauvignons blancs, mais cela ne l'empêche pas de produire des vins élaborés avec doigté en utilisant d'autres cépages et ce chardonnay, provenant de vignes âgées de quatre à douze ans des vignobles de la Vallée de Wairau et d'Awatere, en est un bel exemple.

Notes de dégustation

Ce chardonnay est une belle expression de cette capacité de la Nouvelle-Zélande à produire des vins élégants et voluptueux. Un vin de couleur jaune paille qui dégage des arômes concentrés, un parfum de vanille et généreux en fruits, auxquels s'ajoutent des notes d'amandes. Les saveurs sont fraîches en bouche, vivifiantes avec encore des fruits de citron, des notes tropicales et une légère touche beurrée qui lui donne une texture crémeuse qui augmente le plaisir des sens. Un vin facile à boire qu'il est préférable de servir à une température entre 10 et 12°C.

Accord mets et vin

Du veau ou du porc grillés pourront mettre en valeur ce beau vin blanc. Il sera aussi un accord gagnant avec les fruits de mer comme le crabe, le homard et des moules dans une sauce au pesto. Enfin, les sushis seront aussi une autre alternative pour agrémenter vos petites fantaisies gourmandes.

Yalumba Wild Ferment Chardonnay

21,99 $

Cépage :	Chardonnay
Producteur :	Robert Hill Smiths Company
Millésime :	2006
Région :	Eden Valley
Pays :	Australie
Catégorie :	Blanc
Alcool :	13,5 %
Dégustation :	2008/07
Fermeture :	Capsule à vis
CUP :	9311789221113
Site Internet :	www.yalumba.com

Notes de dégustation

Un vin surprenant, car pour un chardonnay, le goût beurré semble plutôt cacher un mélange avec un autre cépage, mais c'est du 100 % chardonnay. Une belle vivacité en bouche, un vin d'été.

Accord mets et vin

Tournedos au poulet.

Louis Latour Chardonnay

22,29 $

Cépage :	Chardonnay
Producteur :	Maison Louis Latour
Millésime :	2006
Région :	Bourgogne
Pays :	France
Catégorie :	Blanc
Alcool :	13 %
Dégustation :	2008/10
Fermeture :	Liège
CUP :	026861101175
Site Internet :	www.louislatour.com

Notes de dégustation

Un vin doté d'une jolie couleur dorée avec des reflets verts. Au nez, un bouquet élégant qui est un peu vanillé. En bouche, un vin honnête, doté d'une structure bien équilibrée. Il est vinifié dans des cuves en acier inoxydable à 100 %. C'est un vin classique de Bourgogne et il est résolument harmonieux. Un chardonnay passe-partout pour vos repas entre amis.

Accord mets et vin

Un choix parfait pour les apéritifs. Pendant le repas, il accompagnera parfaitement les hors-d'œuvre comme les charcuteries et les poissons.

Nobilo Selak Premium Sauvignon Blanc

22,29 $

Cépage :	Sauvignon blanc
Producteur :	Selak (Constellation NZ)
Millésime :	2005
Région :	Marlbourough
Pays :	Nouvelle-Zélande
Catégorie :	Blanc
Alcool :	12,5 %
Dégustation :	2009/03
Fermeture :	Capsule à vis
CUP :	9415516105100
Site Internet :	www.selaks.co.nz

Un goût pour l'aventure, le sauvignon blanc de cette maison qui fait partie du portfolio du Géant Constellation Wines procure une sensation de plaisir des sens. La famille Selak est arrivée en Nouvelle-Zélande en 1934 et c'est alors qu'est fondée la compagnie par le croate d'origine Marino Selak. Il est considéré comme un pionnier ayant amené de grandes habiletés et une tradition dans la fabrication du vin dans ce pays. C'est son neveu Mate qui est arrivé en 1938, et c'est lui qui a établi les vignobles par la suite.

Notes de dégustation

Une robe jaune or avec de légères teintes de vert, ce sauvignon blanc dégage des arômes un peu hors du commun avec la présence de senteurs de « pipi de chat ». Heureusement, il y a aussi des parfums plus recherchés de fruits tropicaux comme le cantaloup et de pelures de citrons. Un vin croustillant, vif avec une acidité soutenue et rafraîchissante qui évoque des saveurs d'ananas accompagnées d'un délicieux sucre résiduel qui titille la langue sur une finale généreuse.

Accord mets et vin

Avec un bon homard des Maritimes, ce blanc de la région réputée de Marlborough sera à la hauteur. Vous pourrez aussi l'apprécier avec une multitude de

produits de la mer comme des huîtres, des langoustines grillées ou du turbot. Pour accompagner une salade du chef ce sera aussi un bon choix, de même qu'avec le fromage de chèvre. Enfin, on ne saurait oublier un bon saumon à l'aneth.

Andretti Selection Chardonnay

23,29 $

Cépage :	Chardonnay
Producteur :	Andretti Winery
Millésime :	2005
Région :	Napa Valley, Californie
Pays :	États-Unis
Catégorie :	Blanc
Alcool :	14,2 %
Dégustation :	2008/08
Fermeture :	Liège
CUP :	611620289906
Site Internet :	www.andrettiwinery.com

Notes de dégustation

Un vin de la célèbre famille Andretti reconnue dans le domaine de la course automobile. Ce produit de la Vallée de Napa est bien fait. Un nez de pomme et des arômes d'épices, d'agrumes et de vanille. En bouche, un goût léger de beurre et des saveurs qui ressemblent aux arômes. On y trouve aussi de belles nuances de fruits à noyau.

Accord mets et vin

Avec du homard, il pourrait s'avérer un bon compagnon.

Michele Chiarlo Rovereto Gavi

24,48 $

Cépage:	Cortese
Producteur:	Michele Chiarlo
Millésime:	2007
Région:	Piémont, Gavi DOCG
Pays:	Italie
Catégorie:	Blanc
Alcool:	13,5%
Dégustation:	2009/02
Fermeture:	Liège
CUP:	8002365000703
Site Internet:	www.chiarlo.it

Notes de dégustation

Ce Gavi de Dénomination d'origine contrôlée et garantie (DOCG) est élaboré à partir du cépage cortese. Un vin élégant du nord-ouest de l'Italie dont l'expression du fruit est teintée d'exotisme avec la présence d'arôme tels le citron, la pêche et les fleurs blanches. Les saveurs légèrement acidulées de ce vin sont bien balancées avec la minéralité que l'on retrouve dans sa structure.

Accord mets et vin

Un beau vin d'apéritif qui s'harmonisera avec des fruits de mer, mais aussi avec des sushis. Certains plats de poulet feront aussi belle figure en sa compagnie.

Les vins blancs pour le cellier (plus de 25 dollars)

Donnafugata Lighea

25,07 $

Cépage :	Mélange (50 % zibibbo, 50 % catarratto)
Producteur :	Donnafugata
Millésime :	2006
Région :	Sicile
Pays :	Italie
Catégorie :	Blanc
Alcool :	13 %
Dégustation :	2009/01
Fermeture :	Bouchon en aggloméré
CUP :	8000852004357
Site Internet :	www.donnafugata.it

Notes de dégustation

J'ai un faible pour les vins blancs de Sicile et ce Donnafugata est d'une élégance évidente. D'une robe jaune or avec une teinte verdâtre, le nez est envoûtant avec ses arômes floraux de roses blanches et d'acacia, mais aussi par un délice aromatique de pêche, de citron et une subtile présence de miel. En bouche, la minéralité et les saveurs retrouvées en olfaction enveloppent le palais avec harmonie. Un beau vin rafraîchissant qu'on recommande de boire dans une coupe en forme de tulipe. À servir entre 9 et 11°C.

Accord mets et vin

Ce vin de Sicile sera fortement apprécié en compagnie d'une large variété de poissons grillés, frits ou en sauce. Personnellement, je l'ai découvert en compagnie d'une crêpe aux fruits de mer qui le mettait grandement en valeur. Ce sera aussi un vin intéressant avec des pâtes sans les sauces tomates.

Pierre Sparr Reserve Gewurztraminer

25,29 $

Cépage :	Gewurztraminer
Producteur :	Pierre Sparr
Millésime :	2006
Région :	Alsace
Pays :	France
Catégorie :	Blanc
Alcool :	13,5 %
Dégustation :	2008/09
Fermeture :	Liège
CUP :	3263530020819

Notes de dégustation

Un nez facilement reconnaissable à l'aveugle avec ses notes de roses, fruits de la passion et ce côté aromatique épicée. En bouche, le vin exprime une belle rondeur et une longueur appréciable. On aime son petit côté moelleux, surtout à table avec des mets appropriés.

Accord mets et vin

Idéal avec les mets asiatiques et les plats rehaussés de curry. J'ai savouré ce vin dans un restaurant avec des raviolis au homard accompagnés d'une petite sauce secrète du chef. Un délice !

Greg Norman Santa Barbara Chardonnay

25,99 $

Cépage :	Chardonnay
Producteur :	Greg Norman Estates
Millésime :	2005
Région :	Californie
Pays :	États-Unis
Catégorie :	Blanc
Alcool :	13,9 %
Dégustation :	2008/10
Fermeture :	Liège
CUP :	089819813186
Site Internet :	www.gregnormanestateswine.com

Notes de dégustation

Un vin de la région viticole de Santa Barbara en Californie, le chardonnay de cette icône du golf possède un beau coup d'approche. Une belle bouteille, un beau vin jaune paille et il n'est pas tombé dans le fût de chêne à outrance. Au nez, ce sont les fruits tropicaux qui s'annoncent avec des effluves d'ananas et un zeste de citron. Le vin est texturé et pas trop beurré. Il offre un goût légèrement vanillé, mais sa longueur en bouche déçoit un peu. Un peu épicé, mais pas autant que le prix ici au Canada, car c'est un peu trop dispendieux. En Californie, ce vin est disponible entre 13 et 17 dollars. Au Nouveau-Brunswick on parle de 26 dollars.

Accord mets et vin

Je l'ai savouré avec des sushis et il était vraiment idéal.

J. Moreau et Fils Petit Chablis

25,99 $

Cépage :	Chardonnay
Producteur :	J. Moreau & Fils
Millésime :	2006
Région :	Bourgogne
Pays :	France
Catégorie :	Blanc
Alcool :	12,5 %
Dégustation :	2009/02
Fermeture :	Liège
CUP :	3151850134074
Site Internet :	www.jmoreau-fils.com

La maison Moreau voit ainsi le jour en 1814 à Chablis, alors que le jeune Tonnelier Jean-Joseph Moreau épouse la fille d'un vigneron du pays. Après avoir été un pionnier de la région chablisienne, J. Moreau & Fils est devenu avec les années, l'un des plus importants producteurs de chablis, ainsi que la plus ancienne et la plus active des maisons de Négoce-Éleveur du chablisien.

Notes de dégustation

Un petit chablis qui démontre un grand classicisme et mettant en valeur le terroir bourguignon et les qualités d'un chardonnay bien conçu. Le vin est d'une couleur jaune pâle avec des teintes de vert qui démontre la jeunesse de ce beau vin au moment ou je l'ai dégusté. Un nez qui dégage une subtile minéralité provenant de ce sol de petites huîtres fossiles. Des notes de beurres s'ajoutent à ce bouquet ainsi que des arômes de noisettes. En bouche, une fraîcheur et une vivacité agrémentée par des saveurs citronnées. Un vin à boire dans sa jeunesse et servir à une température pas trop froide soit environ 12°C.

Accord mets et vin

En compagnie de poissons, avec le poulet ou des plats légers, il sera parfait. Mon petit bonheur passe par ce petit chablis avec un délicieux fettucine aux palourdes. C'est un vin facile à consommer seul en apéritif.

Banfi Principessa Gavia D.O.C.G. — 26,77 $

Cépage :	**Cortese 100 %**
Producteur :	**Banfi Vintners**
Millésime :	**2005**
Région :	**Piémont**
Pays :	**Italie**
Catégorie :	**Blanc**
Alcool :	**12 %**
Dégustation :	**2009/01**
Fermeture :	**Liège**
CUP :	**8000016510564**
Site Internet :	**www.banfivintners.com**

Pour ceux qui sont familiers avec le système de classement des vins italiens, ce D.O.C.G tire ses origines du Piémont. En 1979, les propriétaires de Banfi Vintners, John et Harry Mariani établissent le Principessa Gavia Estate à quelques kilomètres du village de Strevi au nord-ouest de Gênes. Le nom du vin est inspiré d'une légende historique qui inspire la romance.

Notes de dégustation

Élaboré à partir du raisin Cortese, ce blanc est caractérisé par une belle robe jaune paille presque limpide. Des arômes d'amandes et d'oranges composent la signature olfactive de ce vin d'Italie. En bouche, une texture voluptueuse de saveurs croustillantes de poivre, de poire et de pamplemousse. Un vin sec doté d'un élégant niveau d'acidité appuyé par un sucre résiduel qui le rend facile à boire. Rafraîchissant et doté d'une finale tout en plaisir, il revêt un cachet séduisant qui s'accorde bien avec la tendresse de son nom.

Au moment d'écrire ce livre, l'inventaire était minime au Nouveau-Brunswick, toutefois il est à espérer qu'il sera de retour.

Accord mets et vin

Savourez-le en apéritif ou avec des fruits de mer en coquille. Il représente un choix parfait avec le poisson grillé, le veau et le poulet. Enfin, pour les amateurs de cuisine japonaise, il sera un accompagnement tout aussi idéal !

Mission Hill SLC Sauvignon Semillon

29,99 $

Cépage :	Mélange sauvignon blanc et sémillon
Producteur :	Mission Hill
Millésime :	2005
Région :	Okanagan
Pays :	Canada
Catégorie :	Blanc
Alcool :	12,5 %
Dégustation :	2009/02
Fermeture :	Liège
CUP :	776545995728
Site Internet :	www.missionhillwinery.com

La mention SLC est pour Select Lot Collection, ce qui signifie que les raisins qui entrent dans l'élaboration de ce vin de Mission proviennent de meilleures parcelles du vignoble de l'Okanagan. Ce sont des soins particuliers apportés tant au niveau de la culture, de la récolte que dans la fabrication du vin elle-même qui lui confère ce titre.

Notes de dégustation

Un mélange dominé à près de 80 % par le sauvignon blanc et accompagné d'environ 20 % de sémillon. Visuellement le vin est caractérisé par une robe jaune paille de bonne intensité. Le nez offre un bouquet floral avec des notes de noisettes grillées et de fruits tropicaux. Il possède une acidité croquante et une texture veloutée et vanillée, notamment en raison de l'utilisation de nouveau fût de chêne français dans son élaboration. Un vin équilibré et une finale qui se prolonge avec élégance.

Accord mets et vin

Un vin agréable avec des sushis, du poisson grillé, du poulet à l'estragon ou une savoureuse coquille Saint-Jacques. Les amateurs de homard trouveront également un plaisir évident en combinant leur festin de ce vin avec le cardinal des mers.

Sokol Blosser Evolution

31,29 $

Cépage :	Assemblage (mélange)
Producteur :	Sokol Blosser Winery
Millésime :	2006
Région :	Oregon
Pays :	États-Unis
Catégorie :	Blanc
Alcool :	12 %
Dégustation :	2008/08
Fermeture :	Liège
CUP :	088473881265
Site Internet :	www.evolutionwine.com

Notes de dégustation

Un superbe vin aromatique de l'Oregon. On trouve dans ce vin un mélange de neuf cépages. On comprend un peu mieux le soin qui justifie le prix de ce doux nectar qui offre des arômes de fruits tropicaux. Un vin subtil et frais avec une personnalité hors du commun. Aromatique, mais aussi moelleux en bouche.

Accord mets et vin

Il sera parfait avec des salades, mais aussi dans un contexte de cuisine fusion. Pour ma part, je l'adore avec des sushis.

Domaine William Fèvre Chablis

34,79 $

Cépage :	Chardonnay
Producteur :	William Fèvre
Millésime :	2006
Région :	Bourgogne
Pays :	France
Catégorie :	Blanc
Alcool :	12,5 %
Dégustation :	2009/02
Fermeture :	Liège
CUP :	3443620129169
Site Internet :	www.williamfevre.fr

Pour vraiment saisir l'essence du raffinement d'un vin élaboré avec du chardonnay, il est impératif, à mon sens, de se tourner vers la Bourgogne. Ce cépage qui compose à 100 % le vin de l'appellation Chablis est rehaussé du savoir-faire du Domaine William Fèvre. Il en résulte un vin charmeur qui pourra accompagner une multitude de plats.

Notes de dégustation

Doté d'une robe jaune pâle avec des reflets verts, le Chablis de William Fèvre se veut attrayant avec son nez d'agrumes, un peu floral et d'une minéralité expressive. Des fruits matures qui sont également bien présents dans sa structure gustative. Il est rond tout en étant doté d'une acidité qui lui confère du caractère. Un vin rafraîchissant et tout en souplesse qui fera honneur au terroir bien que le millésime 2005 était supérieur à celui-ci. La température de service suggérée est de 12 à 14°C.

Accord mets et vin

Un vin blanc qui fera un bon mariage avec certains fromages comme le brie ou un bleu de Bresse. C'est aussi un magnifique vin pour les fruits de mer et notamment une bisque de homard. Le crabe, les crevettes, les huîtres et les coques seront aussi mis en valeur en sa présence, de même que les darnes de saumon grillées. Les escargots à l'ail, voire même la cuisine vietnamienne, feront aussi de belles combinaisons avec ce vin.

Cloudy Bay Sauvignon Blanc

35,78 $

Cépage :	**Sauvignon blanc**
Producteur :	**Cloudy Bay Vineyards**
Millésime :	**2006**
Région :	**Marlborough**
Pays :	**Nouvelle-Zélande**
Catégorie :	**Blanc**
Alcool :	**13,5 %**
Dégustation :	**2008/11**
Fermeture :	**Liège**
CUP :	**418408030016**
Site Internet :	**www.cloudybay.co.nz**

La région de Marlborough est située au nord de South Island en Nouvelle-Zélande et elle représente la région viticole la plus importante de ce pays. Le sauvignon blanc y est le plus abondant que tout autre cépage. Le nom du vin provient du nom de la Baie située à l'extrémité Est de la Vallée de Wairau où est situé le vignoble. Le Nouveau-Brunswick offrait ce vin sur les tablettes de plusieurs magasins. Étant donné qu'il s'agit d'un classique, il se pourrait bien qu'on le retrouve à nouveau en vente au Nouveau-Brunswick.

Notes de dégustation

Un vin jaune paille aux teintes pâles qui, dès le premier contact au nez, révèle son côté séducteur par ses arômes de fruits, dont la groseille avec un zeste parfumé de pamplemousse. Il a également un aspect herbacé avec des senteurs de foin coupé. Certains nez plus fins y trouveront parfois du poivron et de l'asperge. En bouche, c'est un vin à l'acidité croustillante, fraîche et aux allures de Sancerre. Une explosion de saveurs de fruits de la passion suit au palais avec la mangue et les ananas. Une minéralité bien équilibrée qui ajoute à la complexité de ce vin plaisir.

Accord mets et vin

Les amateurs de sushis aimeront ce vin de même que les gens qui aiment les fruits de mer en coquillage comme les huîtres. La darne de saumon grillée à la sauce hollandaise et le fromage de chèvre sont aussi des mariages à essayer.

Conundrum Caymus

35,78 $

Cépage :	Assemblage (mélange)
Producteur :	Conundrum
Millésime :	2004
Région :	Napa, Californie
Pays :	États-Unis
Catégorie :	Blanc
Alcool :	13,5 %
Dégustation :	2008/06
Fermeture :	Capsule à vis
CUP :	017224707134
Site Internet :	www.conundrumwines.com

Notes de dégustation

Un mélange particulier de sauvignon blanc, chardonnay, sémillon, muscat et viognier. Probablement un vin dans le top 10 des meilleurs blancs que j'ai pu déguster. Du fruit exotique et une texture moelleuse qui se traduit comme un pur délice.

Accord mets et vin

Un vin qui pourra accompagner le dessert, et qui se prête aussi bien à l'apéro. Je me risquerais peut-être même avec des pétoncles.

Beringer Knights Valley Alluvium Blanc

37,49 $

Cépage:	Assemblage (mélange), sauvignon blanc, sémillon
Producteur:	Beringer - Fosters Group
Millésime:	2005
Région:	Californie
Pays:	États-Unis
Catégorie:	Blanc
Alcool:	14,1 %
Dégustation:	2008/08
Fermeture:	Liège
CUP:	089819007905
Site Internet:	www.beringer.com

J'ai eu la chance de visiter ce vignoble historique dans la belle région de St-Helena dans Napa Valley le printemps dernier. Une maison renommée qui produit ce blanc savoureux à partir de raisins provenant de Sonoma County.

Notes de dégustation

Le mélange de sémillon et de sauvignon blanc donne à ce vin des arômes de fruits tropicaux et de fleurs blanches. Un vin qui s'exprime aussi avec une acidité intéressante. Son prix, ici au Canada, est peut-être ce qui freine un peu nos élans vers ce vin blanc de style bordelais. Robert Parker accorde une note de 90 à ce vin. Ce vin est prêt à boire, mais pourra se conserver jusqu'en 2010.

Accord mets et vin

Je l'ai consommé avec des sushis, mais il pourrait certainement se marier avec la plupart des poissons à chair grasse comme le saumon et le thon. Un bon plat de canard rôti avec une sauce au vin blanc pourrait aussi bien faire l'affaire.

Bouchard Père & Fils Pouilly-Fuissé

37,78 $

Cépage :	Chardonnay
Producteur :	Bouchard Père et fils
Millésime :	2006
Région :	Bourgogne
Pays :	France
Catégorie :	Blanc
Alcool :	13,5 %
Dégustation :	2009/02
Fermeture :	Liège
CUP :	3337690114937
Site Internet :	www.bouchard-pereetfils.com

Quelle belle rencontre j'ai eu l'occasion de faire lors du Festivin 2008 alors que Luc Bouchard de la maison Bouchard Père et fils était un invité d'un souper gastronomique à l'Hôtel Paulin de Caraquet. L'homme est un passionné et même si l'entreprise familiale a été vendue en 1995 au producteur champenois Joseph Henriot, il est toujours aussi dévoué et impliqué pour partager son amour du terroir bourguignon et des vins qui émanent de ce coin de pays.

Notes de dégustation

Le chardonnay est le cépage blanc le plus connu du monde entier, mais c'est certainement en Bourgogne que ses lettres de noblesse ont été acquises. De cette région magnifique, il y a plus d'une centaine d'appellations d'origines contrôlées et dont 65 % de la production totale est en blanc. Le Pouilly-Fuissé de Bouchard est d'une couleur jaune paille avec des reflets dans des nuances de vert pâle qui offre un nez de pamplemousse, citronné, avec des notes de poire et de fenouil. Un vin qui démontre un bon équilibre entre l'alcool, l'acidité et les fruits. Un vin chaleureux à la minéralité bien dosée et dont la finale est d'une intensité respectable. Un vin à boire avant 2010. La température de service est d'environ 12°C ou près de 15°C pour un vin plus âgé.

Accord mets et vin

Pour accompagner une coquille Saint-Jacques, du crabe, des huîtres ou autres délices de la mer comme des crevettes et du homard, ce bourguignon est un choix hors pair. Il sera également agréable avec des escargots à l'ail, du fromage de chèvre ou encore des moules.

Cloudy Bay Chardonnay

40,29 $

Cépage :	Chardonnay
Producteur :	Cloudy Bay Vineyards
Millésime :	2005
Région :	Marlbourough
Pays :	Nouvelle-Zélande
Catégorie :	Blanc
Alcool :	14,5 %
Dégustation :	2008/11
Fermeture :	Capsule à vis
CUP :	9418408050014
Site Internet :	www.cloudybay.co.nz

Notes de dégustation

Un vin blanc de Nouvelle-Zélande qui ne convient pas à toutes les bourses, mais qui procurera un plaisir évident aux inconditionnels de chardonnay. Un vin aux arômes d'oranges mûres, de biscuits au sésame et champignons. En bouche, un vin à la texture patinée, avec un palais citronné, beurré et ayant une bonne saveur de fût de chêne avec une minéralité subtile qui apporte au charme du vin.

Accord mets et vin

Les huîtres, les fruits de mer, le poulet et certains sushis.

Beringer Private Reserve Chardonnay

51,99 $

Cépage :	Chardonnay
Producteur :	Beringer
Millésime :	2006
Région :	Napa - Californie
Pays :	États-Unis
Catégorie :	Blanc
Alcool :	14 %
Dégustation :	2008/11
Fermeture :	Liège
CUP :	089819003358
Site Internet :	www.beringer.com

Notes de dégustation

Lors de mon passage à l'Expo Vins de Moncton le vin blanc qui m'a le plus impressionné est ce chardonnay Private Reserve de Beringer. Un vin fermenté dans des barriques de fût de chêne français neuves (77 %) pour augmenter la richesse naturelle du vin. Il développe d'ailleurs un caractère noisette et grillé qui s'imprègne d'une texture crémeuse en bouche. Après neuf mois de vieillissement avec la touche des vinificateurs Ed Sbragia et de Laurie Hook, le vin offre des arômes citronnés, de vanille, de pommes cuites et des arômes épicés de chêne. En bouche, c'est un vin généreux et riche de saveurs d'ananas, avec une longue finale teintée d'une touche minérale. Un pur délice !

Accord mets et vin

Un vin à savourer avec une recette de poitrine de poulet grillé avec lime et coucous au curry. Une chaudrée de maïs avec champignons de saison et chair de crabe fera aussi honneur à ce grand vin blanc de Napa.

Meursault Charmes Domaine Bouchard Père et fils

81,29 $

Cépage :	Chardonnay
Producteur :	Bouchard Père et fils
Millésime :	2004
Région :	Bourgogne
Pays :	France
Catégorie :	Blanc
Alcool :	13,5 %
Dégustation :	2008/06
Fermeture :	Liège
CUP :	3337690105492
Site Internet :	www.bouchard-pereetfils.com

Notes de dégustation

Dégusté lors d'une soirée sur les vins de Bourgogne en blanc, il fut mon préféré malgré la présence de vins plus dispendieux. Il présente en bouche une belle harmonie par son côté beurré et la présence du fût de chêne.

Accord mets et vin

Poissons et crustacés en sauce.

Les vins rouges à moins de 15 dollars

Astica Malbec Merlot

9,29 $

Cépage:	Assemblage (mélange), malbec, merlot
Producteur:	Bodegas Trapiche
Millésime:	2007
Région:	Cuyo
Pays:	Argentine
Catégorie:	Rouge
Alcool:	13 %
Dégustation:	2008/10
Fermeture:	Capsule à vis
CUP:	7790240026344
Site Internet:	www.trapiche.com.ar

Notes de dégustation

Un vin à la signature aromatique qui flirte avec les fruits rouges mûrs. Un vin ample avec des tannins charnus. Astica veut dire fleur dans la langue indienne d'origine de cette région de l'Argentine. À moins de 10 dollars, c'est une aubaine. Une belle finale persistante.

Accord mets et vin

Des mets simples comme des saucisses sur le BBQ, de la pizza et pourquoi pas un bon burger. La viande grillée et les fromages peuvent aussi s'avérer un bon choix.

Mezzomondo Salento Negroamaro

10,29 $

Cépage :	Negroamaro
Producteur :	MGM Mondo del Vino
Millésime :	2007
Région :	Les Pouilles
Pays :	Italie
Catégorie :	Rouge
Alcool :	13,5 %
Dégustation :	2009/02
Fermeture :	Liège
CUP :	8032610311346
Site Internet :	mezzomondo.com

Notes de dégustation

Un vin à moins de onze dollars qui mérite considération. Une couleur d'un rouge profond avec un nez valorisé par des arômes de fruits. La cerise, la fraise et la prune se distinguent avec des parfums d'épices poivrés, de cèdre et de vanille. Un vin de consistance moyenne en bouche avec des saveurs fumées. Il est doté d'une bonne attaque avec des tannins secs, mais je l'ai trouvé un peu court en finale. Toutefois, c'est un vin honnête pour ce prix. Fait à signaler, je l'ai trouvé meilleur le lendemain après l'avoir soigneusement refermé avec étanchéité. Il me semble révéler davantage la qualité de ses fruits, et en bouche, il était moins fermé.

Accord mets et vin

Un vin rouge sublime à table avec du bœuf, de la pizza, de l'agneau, de la cuisine indienne et pourquoi pas un simple hamburger.

Las Moras Shiraz

10,29 $

Cépage:	Shiraz
Producteur:	Finca Las Moras
Millésime:	2007
Région:	Cuyo (San Juan)
Pays:	Argentine
Catégorie:	Rouge
Alcool:	14 %
Dégustation:	2009/03
Fermeture:	Capsule à vis
CUP:	7791540127137
Site Internet:	www.fincalasmoras.com

Las Moras présente son vin le plus abordable au Nouveau-Brunswick soit cette shiraz provenant de la région de Cuyo et plus précisément dans la province de San Juan dans la Vallée de Tulum, la plus vieille région productrice de vin en Argentine. Ce vin est élaboré à partir de vignes âgées de plus d'une trentaine d'années et dont les raisins sont élevés selon la méthode organique. Cela est possible grâce à un climat sec et de bonnes heures d'ensoleillement, étant à plus de 630 mètres d'altitude au-dessus du niveau des mers, favorisant une bonne irrigation du sol. Cette protection avec la cordillère des Andes fait en sorte qu'il n'y a pratiquement pas de parasites.

Notes de dégustation

J'ai dégusté la majorité des produits de cette maison et je dois avouer que c'est un bel ajout au répertoire des vins du monopole d'Alcool NB Liquor. Le malbec, le tannat, le chardonnay et cette shiraz sont de bons vins au regard du rapport qualité/prix. Ce rouge rubis profond aux nuances violacées dégage des arômes de cassis, de baies, de framboises et il est enveloppé d'un parfum végétal et d'épices. La texture en bouche est veloutée avec des saveurs de vanille légèrement poivrée. Une shiraz à servir entre 15 et 17°C.

Accord mets et vin

Un parfait compagnon pour les viandes sur le BBQ, que ce soit du bœuf, de l'agneau ou de la volaille comme un bon poulet BBQ. Ma préférence sera toutefois un filet de porc au fromage bleu ou encore, en toute simplicité, seul sans aucun artifice.

Trapiche Cabernet Sauvignon

10,29 $

Cépage :	Cabernet sauvignon
Producteur :	Bodegas Trapiche
Millésime :	2007
Région :	Mendoza
Pays :	Argentine
Catégorie :	Rouge
Alcool :	13 %
Dégustation :	2009/03
Fermeture :	Liège
CUP :	7790240072150
Site Internet :	www.trapiche.com.ar

Notes de dégustation

Un vin simple de tous les jours et qui provient d'une maison ayant bonne réputation, le tout à un prix d'ami. Ce trapiche cabernet sauvignon se présente avec une couleur rouge brillante et profonde qui laisse échapper au nez de beaux arômes bien sentis de fruits noirs et une délicate touche d'épices. En bouche, un vin moyennement corsé, mais agréablement bien balancé avec des fruits noirs et rouges qui se fondent subtilement au goût. Un vin facile à boire dont la finale est somme toute très respectable.

Accord mets et vin

Un vin que j'ai savouré avec un bon faux-filet de bœuf, donc qui avantage les viandes grillées. On pourra aussi l'apprécier avec certains fromages comme un gouda ou un gruyère.

Vinzelo

11,49 $

Cépage :	Mélange
Producteur :	Quinta de Ventozelo
Millésime :	2006
Région :	Douro
Pays :	Portugal
Catégorie :	Rouge
Alcool :	12,5 %
Dégustation :	2008/12
Fermeture :	Liège
CUP :	5601920113952
Site Internet :	www.quintadeventozelo.com

Notes de dégustation

Un vin ayant été primé à l'Expo Vin de Moncton en novembre 2008. Le Vinzelo est un vin dans toute sa simplicité avec une robe scintillante rubis accompagné d'un nez particulièrement fruité à souhait avec ses arômes de cerise et de prune. En bouche, le plaisir d'un vin juteux avec des fruits. La fraise, la cerise et les mûres sont en harmonie dans ce mélange de cépages purement portugais soit la touriga nacional, touriga franca, tinta roriz et tinta barroca. Le vin est élevé en cuves d'acier inoxydable donc aucun bois n'est utilisé dans son élaboration. Un vin à servir à 17°C. Un vin à boire dès maintenant.

Accord mets et vin

Le producteur suggère des pâtes, viandes rouges, poulet rôti et fromages. Personnellement, je le trouve parfait pour boire juste comme ça, entre amis.

Montalto Red — 11,79 $

Cépage:	Nero d'Avola
Producteur:	Barone Montalto
Millésime:	2004
Région:	Sicile
Pays:	Italie
Catégorie:	Rouge
Alcool:	14 %
Dégustation:	2008/10
Fermeture:	Capsule à vis
CUP:	8030423000754
Site Internet:	www.baronemontalto.it

Notes de dégustation

À ce prix, le Montalto red est une aubaine pour ceux qui veulent s'offrir un bon rouge à moins de 15 dollars. De plus, mes expériences avec les vins d'Italie m'ont souvent convaincu qu'il s'agissait de vins difficiles à boire seul et qu'il était préférable de les consommer à table. Ce vin de Sicile m'a démontré le contraire et ce mélange de néro d'Avola et cabernet sauvignon se révèle étonnant. Un beau vin à la couleur rubis violacée d'intensité moyenne ayant du fruit dominé par la cerise et des arômes de moka mélangés à des notes de chêne. En bouche, un vin avec un bel équilibre offrant des tannins doux et harmonieux avec de légères notes boisées. Servir à une température de 16 à 18°C.

Accord mets et vin

Idéal pour prendre seul en aperitif, mais il fera honneur à vos plats de viandes grillées et vos mets italiens à la sauce tomate. La pizza lui va à ravir!

Barefoot California Shiraz

12,29 $

Cépage :	Syrah - shiraz
Producteur :	Barefoot wines
Millésime :	Non millésimé
Région :	Californie
Pays :	États-Unis
Catégorie :	Rouge
Alcool :	13,5 %
Dégustation :	2008/08
Fermeture :	Liège
CUP :	018341751130
Site Internet :	www.barefootwine.com

Notes de dégustation

Un vin qui surprend comme plusieurs produits de la gamme Barefoot qui récolte plusieurs prix dans les diverses compétitions. Les tannins sont bien balancés et son nez dégage des arômes de fruits noirs, mais aussi un petit côté de bacon. En bouche, il est assez solide tout en offrant un soupçon vanillé et une teneur moyennement corsée.

Accord mets et vin

Viandes, volaille, pâtes avec sauce tomate, pizza et fromage relevés.

PKNT Carmenère Terraustral

12,79 $

Cépage :	Carmenère
Producteur :	Terraustral SA
Millésime :	2007
Région :	Vallée centrale
Pays :	Chili
Catégorie :	Rouge
Alcool :	13,5 %
Dégustation :	2008/11
Fermeture :	Liège
CUP :	818957000727
Site Internet :	www.pknt.com

Notes de dégustation

Un vin chilien de qualité acceptable pour le prix. La robe est de couleur violacée d'intensité foncée. Le carmenère qui trouve son origine en France est de plus en plus populaire au Chili. De puissants arômes de poivron verts dominent avec des notes de fruits rouges, de tabac et d'épices. Les fruits persistent au niveau des saveurs avec un aspect fumé en bouche. La finale offre une bonne persistance et son manque d'élégance sera compensé à table avec une bonne pièce de viande. À servir entre 15 et 16°C.

Accord mets et vin

Idéal pour accompagner la viande rouge comme un plat de bœuf grillé aux fines herbes ou un canard rôti.

Jindalee Circle Collection Cabernet Sauvignon

13,79 $

Cépage :	Cabernet sauvignon
Producteur :	Littore Family Wines
Millésime :	2007
Région :	South Australia
Pays :	Australie
Catégorie :	Rouge
Alcool :	14 %
Dégustation :	2008/12
Fermeture :	Capsule à vis
CUP :	667661200110
Site Internet :	www.littorewines.com.au

Notes de dégustation

Après avoir été impressionné par le pinot grigio de la gamme Circle collection de Jindalee, j'ai poussé la curiosité vers le cabernet sauvignon. Pour moins de 15 dollars, il représente une belle valeur pour les gens qui veulent obtenir un vin honnête qui pourra être partagé en apéritif ou lors d'un repas entre amis. Le cabernet sauvignon présente une robe rubis de belle intensité avec des reflets violacés. Le cassis, la menthe et des fraises mûres s'expriment dans ces arômes des plus « confiturés ». Un vin avec une touche de fût de chêne français et américain qui dévoile une belle profondeur en bouche. Un palais ample avec des tanins soyeux s'offre sur des saveurs de fruits concentrées.

Accord mets et vin

Un vin à combiner avec plusieurs mets de viandes rouges notamment sur le BBQ. Parmi les autres plats que je recommande fortement, le filet de porc rôti, des hors-d'œuvre, les hamburgers, les tournedos et les brochettes d'agneau kebab.

Canaletto Montepulciano d'Abruzzo

13,99 $

Cépage:	Montepulciano
Producteur:	Casa Girelli
Millésime:	2005
Région:	Les Abruzzes
Pays:	Italie
Catégorie:	Rouge
Alcool:	12,5 %
Dégustation:	2009/01
Fermeture:	Capsule à vis
CUP:	673087761715
Site Internet:	www.canalettob2b.com

Notes de dégustation

Un vin accessible de par son prix avec une jolie capsule à vis, ce qui apporte encore plus de simplicité à sa consommation, et dont le goût procurera une grande satisfaction à un large éventail de consommateurs. Une couleur rouge rubis d'intensité profonde qui est mise en valeur par un nez attrayant de fruits noirs de prunes et de cerises. En bouche, une souplesse agréable, rafraîchissante, d'une acidité bien dosée et avec des tannins assez puissants sans être agressifs ni austères. Des saveurs de cerises légèrement amères qui se mélangent à des notes de cuir et de fruits confits. Un vin italien qui gagne à être découvert!

Accord mets et vin

Un vin pour les repas simples, donc parfait avec certains mets italiens populaires comme le spaghetti à la viande, la lasagne bolognaise ou les tagliatelles à la carbonara. En apéritif, c'est un choix gagnant!

Santa Julia Malbec

13,99 $

Cépage :	Malbec
Producteur :	Familia Zuccardi
Millésime :	2007
Région :	Mendoza
Pays :	Argentine
Catégorie :	Rouge
Alcool :	13,5 %
Dégustation :	2009/07
Fermeture :	Capsule à vis
CUP :	7791728000160
Site Internet :	www.familiazuccardi.com

En hommage à la fille unique de Jose Zuccardi, ce malbec nommé Santa Julia est un héritage à l'énergie, à la passion et au dévouement de la famille dans l'élaboration de ses vins. Zuccardi est un producteur de renom qui s'évertue, depuis plus de 40 ans, à produire des vins ayant une portée internationale, à partir de la non moins réputée région de Mendoza, et spécifiquement de la Vallée de Maipo.

Notes de dégustation

Ce vin est, en apparence, peu typique des vins élaborés à partir du malbec dans cette région. D'abord, la couleur n'est pas très foncée et, à part une légère nuance violacée, on se demande si on n'est pas en présence d'un pinot noir avec sa dominance rubis. Au nez et en bouche, c'est une tout autre affaire. Bien qu'on lui accorde une stature de vin corsé sur l'étiquette, il n'en demeure pas moins un vin facile d'approche, porté sur les fruits mûrs de cerises et prunes et légèrement « confiturés ». En bouche, le vin révèle des tannins fins et des saveurs complexes de fruits noirs, d'épices et d'anis. Une étonnante longueur pour un vin à petit prix.

Accord mets et vin

Un vin qui sera intéressant avec la viande rouge sur le BBQ, mais pourquoi pas une pizza un peu relevée à la saucisse italienne. Un vin agréable avec des charcuteries, des fromages moyennement corsés ou encore un jambon braisé.

Tempranillo Hoya de cadenas

14,29 $

Cépage:	Tempranillo
Producteur:	Vicente Gandia
Millésime:	2003
Région:	Vallence
Pays:	Espagne
Catégorie:	Rouge
Alcool:	12,5 %
Dégustation:	2007/06
Fermeture:	Liège
CUP:	8410310602757
Site Internet:	www.hoyadecadenas.es

Notes de dégustation

J'ai goûté le réserva, je trouve que c'est un bon rapport qualité/prix. Il est un peu trop vanillé à mon goût, mais j'ai bu pire.

Accord mets et vin

Agneau et bœuf.

La Vieille Ferme Rouge AOC Côtes du Ventoux

14,29 $

Cépage:	Assemblage (mélange)
Producteur:	La Vieille Ferme - Perrin
Millésime:	2006
Région:	Vallée du Rhône
Pays:	France
Catégorie:	Rouge
Alcool:	12,5 %
Dégustation:	2008/10
Fermeture:	Capsule à vis
CUP:	63147000018
Site Internet:	www.clubperrin.com

Notes de dégustation

Ce vin de la famille Perrin est un bel assemblage composé de grenache 50%, syrah 20%, carignan 15% et 15% cinsault. Un vin aux teintes rouge foncé et violacé. Ses arômes de fruits rouges, comme la framboise, se retrouvent aussi dans les saveurs gustatives. En bouche, un vin aux tannins souples qui pourra se boire seul ou avec un repas. À boire maintenant, mais il pourrait se conserver jusqu'en 2011. Un vin à servir entre 15 et 16°C.

Accord mets et vin

Pâtés et terrines de gibier, il sera aussi agréable avec des saucissons ou de la viande de porc ou de veau.

Prince de la Rivière 14,29 $

Cépage :	Mélange
Producteur :	Vignobles Grégoire
Millésime :	2004
Région :	Bordeaux
Pays :	France
Catégorie :	Rouge
Alcool :	12,5%
Dégustation :	2009/01
Fermeture :	Liège
CUP :	3523151220044
Site Internet :	www.vignobles-gregoire.com

Vous aimez les vins de Bordeaux? Ce vin est une véritable aubaine en rouge. Dans ce livre, vous aurez constaté que j'ai grandement apprécié le Château de la rivière dans la section cellier en rouge, le Prince est un autre produit des Vignobles Grégoire qui œuvre en Fronsac. Ce vin d'appellation contrôlée Bordeaux est une autre belle découverte de mes dégustations de la dernière année. À moins de 15 dollars, un vin de cette qualité du terroir bordelais est tout simplement un traitement royal à bon prix.

Notes de dégustation

Le Prince de la Rivière est élaboré à 85 % avec du merlot et 15 % avec du cabernet sauvignon. C'est une main de fer dans un gant de velours. Un vin puissant tout en ayant beaucoup de finesse et d'élégance. On retrouve des arômes de prunes, de tabac et de fruits matures comme les cerises et les mûres.

En bouche, c'est un Bordeaux généreux et riche en saveurs. Les tannins sont veloutés pour ce 2004 déjà à maturité. Il faudra surveiller le millésime 2005 mais d'ores et déjà, ce vin est du véritable bonbon.

Accord mets et vin

Un vin qui trouvera sa pleine valeur avec du bœuf grillé, du confit de canard froid, un jambon braisé sauce madère, un poulet à la bière, un rosbif au four et même le fromage Pont-L'Évêque. Personnellement, un bon steak au poivre complète mon petit bonheur en compagnie de ce Bordeaux.

Sangre de Toro – Miguel Torres

14,29 $

Cépage :	Grenache, tempranillo
Producteur :	Miguel Torres
Millésime :	2005
Région :	Catalogne
Pays :	Espagne
Catégorie :	Rouge
Alcool :	13,5 %
Dégustation :	2008/11
Fermeture :	Liège
CUP :	8410113003294
Site Internet :	www.torres.es

Notes de dégustation

Un vin à moins de 15 dollars qui donne toujours satisfaction pour son rapport qualité/prix. Un catalan honnête qui offre de belles qualités gustatives et olfactives. Des arômes de cerises, de mûres, de chocolat et des notes herbacées se dégagent au nez. En bouche, un vin offrant des tannins légers, une acidité croustillante, des fruits matures et des saveurs de réglisse. À servir entre 17 et 18°C. À boire maintenant, toutefois il se conservera jusqu'à plusieurs mois durant 2009.

Accord mets et vin

Agneau grillé, bœuf rôti ou canard rôti sauce aux champignons.

Jacob's Creek Shiraz Cabernet

14,29 $

Cépage:	**Assemblage shiraz cabernet**
Producteur:	**Jacobs Creek**
Millésime:	**2005**
Région:	**Barossa Valley**
Pays:	**Australie**
Catégorie:	**Rouge**
Alcool:	**13,5%**
Dégustation:	**2008/10**
Fermeture:	**Liège**
CUP:	**9300727453129**
Site Internet:	**www.jacobscreek.com**

Notes de dégustation

Un vin australien qui n'est pas exagéré par les miracles de la fabrication du pays des koalas. C'est un vin au nez puissant avec des fruits variés, dont la framboise, la prune et des notes de réglisse et de vanille. En bouche, un vin «confitué» avec des tannins enrobés et bien soutenus par les fruits noirs ou encore la vanille.

Accord mets et vin

Je l'ai savouré avec un bon filet mignon sauce au poivre et ce fût exquis. Il sera certainement agréable avec du gibier.

Coteaux du Tricastin La Ciboise

14,49 $

Cépage:	Mélange de grenache et syrah
Producteur:	Michel Chapoutier
Millésime:	2005
Région:	Rhône
Pays:	France
Catégorie:	Rouge
Alcool:	13%
Dégustation:	2009/01
Fermeture:	Liège
CUP:	3391181160735
Site Internet:	www.chapoutier.com

Ce vin de Chapoutier est depuis plusieurs années un choix personnel, pour bien des occasions, lorsque l'on me demande de recommander un vin. La Ciboise en rouge est, pour moi, un vin représentant un excellent rapport qualité/prix. Michel Chapoutier est un producteur de renom et ce vin d'appellation Coteaux du Tricastin est élaboré à partir de deux cépages vedettes du Rhône soit le grenache (60%) et la syrah (40%). Le vin est élevé en cuves et mis en bouteille 10 à 12 mois après les vendanges. Chapoutier préconise une vinification traditionnelle et pour les personnes non voyantes, l'étiquetage est en braille depuis 1996.

Notes de dégustation

D'un rouge rubis intense, La Ciboise est un vin dominé par des arômes de fruits rouges confits, de groseilles et de cerises. Un vin qui dégage des épices poivrées que l'on retrouve aussi au goût avec cette présence rafraîchissante du fruit, appuyé par l'élégance de ses tannins fondus. Pour un peu plus de 15 dollars, ce vin se classe dans les incontournables à se procurer à titre de vin de tous les jours qui peuvent se distinguer lors des occasions!

Accord mets et vin

Un vin qui pourra accompagner une large variété de plats. Un rôti de porc, du poulet sauce BBQ, des charcuteries, des cannellonis, des escargots, des croquettes de poulet et de la pizza!

Sterling vintners shiraz

14,99 $

Cépage:	Syrah - shiraz
Producteur:	Sterling vintners
Millésime:	2005
Région:	Central Coast - Californie
Pays:	États-Unis
Catégorie:	Rouge
Alcool:	13,8%
Dégustation:	2008/11
Fermeture:	Liège
CUP:	088692862311
Site Internet:	www.sterlingvineyards.com

Ce vin est issu de Central Coast, toutefois si vous visitez la Californie, il ne faut pas manquer la visite des installations de Sterling Vineyard dans Napa. Un style mission inspiré de la Grèce, juché sur une montagne offrant une vue panoramique sublime de la Vallée la plus prestigieuse de production de vin aux États-Unis. L'ascension au sommet se fait dans une télécabine comme on en retrouve dans les centres de ski. Quant aux vins de ce producteur, ils sont synonymes de qualité. Cette shiraz, qui fait partie de la gamme Vintners, est une preuve concrète de cette affirmation.

Notes de dégustation

Un vin foncé aux fruits noirs à l'olfaction avec des notes de réglisse et de cacao. En bouche, des fruits ronds au palais avec des saveurs de cassis et de fraises, et une douce impression de vanille qui ajoute à la douceur veloutée du vin sur la langue et une finale en longueur respectable.

Accord mets et vin

Des plats robustes comme un rib eye sur le BBQ ou des pâtes à la carbonara.

Fazi Battaglia Rutilus Marche Sangiovese

14,99 $

Cépage :	Sangiovese
Producteur :	Fazi Battaglia SPA
Millésime :	2007
Région :	Les Marches
Pays :	Italie
Catégorie :	Rouge
Alcool :	11,5 %
Dégustation :	2009/03
Fermeture :	Liège
CUP :	632741709111
Site Internet :	www.fazibattaglia.com

Il y a très peu de vins disponibles chez nous au Nouveau-Brunswick en provenance de cette région viticole encore méconnue soit les Marches. La région est située dans la portion centrale de l'Italie en bordure de la mer Adriatique avec plus de 180 kilomètres de côtes. Cette région est surtout connue pour son vin blanc, le Verdicchio dei Castelli di Jesi. Fazi Battaglia qui est d'ailleurs très respectable, mais tout indique que le succès n'a pas été assez convaincant au Nouveau-Brunswick pour que ces produits soit de retour.

Notes de dégustation

Le Sangiovese a fait sa réputation surtout en Toscane, mais celui-ci est quand même respectable dans la gamme de prix. C'est un vin coloré d'une robe rouge violacée, sans trop d'alcool, mais ayant quand même une intensité et une persistance assez soutenue. Les arômes de fruits rouges sont en évidence avec quelques notes florales. L'acidité alliée à la souplesse de ses tannins en fait un vin facile à boire et qui pourra s'harmoniser avec des plats de tous les jours. Il sera à son meilleur à une température de service de 14 à 16°C.

Accord mets et vin

Avec l'antipasti, du poulet grillé, le parmesan, le spaghetti à la bolognaise ou le veau grillé, vous trouverez plaisir à l'accompagner à table avec une multitude de combinaison. Laissez donc votre imagination et l'inspiration du moment vous guider pourvu qu'il ne s'agisse pas d'un plat trop relevé.

G7 Reserva Carmenere

14,99 $

Cépage:	**Carmenère**
Producteur:	**Carta Vieja**
Millésime:	**2007**
Région:	**Vallée de Loncomilla**
Pays:	**Chili**
Catégorie:	**Blanc**
Alcool:	**13,5%**
Dégustation:	**2008/12**
Fermeture:	**Liège**
CUP:	**898611001642**
Site Internet:	**www.cartavieja.com**

Ce vin ne représente pas une publicité gratuite pour le Groupe des sept pays industrialisés. Il s'agit plutôt d'un vin qui représente sept générations de passionnés dans la fabrication du vin. Carte vieja produit du vin dans la Vallée de Loncomilla qui est elle-même située dans la Vallée centrale du Chili. Le cépage carmenère est d'origine bordelaise, mais, étant donné qu'il est fragile à la coulure, il a quasiment disparu de France depuis l'apparition de l'oïdium et du phylloxéra à la fin du XIXe siècle. Il s'est bien adapté au climat du Chili où il donne des vins rouges avec des fruits équilibrés, d'une belle corpulence. Certains viticulteurs le confondent parfois avec le merlot dans leurs vignobles.

Notes de dégustation

Un vin à la robe rouge pourpre séduisante qui a tendance à enrober le verre de sa couleur tellement il est foncé. Au nez, il offre des arômes de fruits concentrés de cerises, mais aussi de prunes et de fumée. J'ai décelé aussi des notes de poivron vert et un 2e nez mentholé provenant notamment d'un bon niveau d'alcool. En bouche, c'est un vin goûteux et juteux qui offre une texture veloutée et bien balancée avec son acidité. Des saveurs de fruits rouges, d'épices d'un vin plaisir qui culmine vers une finale de chocolats noirs. À servir entre 17 et 18°C.

Accord mets et vin

Un magret de canard aux champignons, un osso buco alla milanese, une pizza bolognaise ou un filet d'agneau rôti.

Les vins rouges entre 15 dollars et 25 dollars

The Wolftrap Western Cape

15,29 $

Cépage :	**Syrah - shiraz**
Producteur :	**Boekenhoutskloof**
Millésime :	**2006**
Région :	**Western Cape**
Pays :	**Afrique du Sud**
Catégorie :	**Rouge**
Alcool :	**14,2 %**
Dégustation :	**2008/10**
Fermeture :	**Capsule à vis**
CUP :	**746925000564**
Site Internet :	**www.boekenhoutskloof.co.za**

Notes de dégustation

Le Wolftrap est un vin honnête, élaboré dans le style des vins rhodaniens, c'est-à-dire un beau mélange de syrah, mourvèdre et viognier. Ce sud-africain offre un nez charmeur de fruits noirs comme la cerise, la prune et les mûres. On y retrouve en bouche des saveurs équivalentes, mais aussi une touche de tabac. Un vin aux tannins enrobant au palais, il y a aussi cette sensation de croquer dans des fruits légèrement surs, mais qui est vite balayée en bouche par une vague de fruits plus mûrs.

Accord mets et vin

Idéal avec du porc, la viande rouge et même des pâtes

Trapiche Broquel Cabernet Sauvignon

15,29 $

Cépage:	Cabernet sauvignon
Producteur:	Bodegas Trapiche
Millésime:	2006
Région:	Mendoza
Pays:	Argentine
Catégorie:	Rouge
Alcool:	14 %
Dégustation:	2009/03
Fermeture:	Liège
CUP:	7790240090192
Site Internet:	www.trapiche.com.ar

La Bodega Trapiche existe depuis 1883, et force est d'admettre que les produits sont d'une étonnante qualité et surtout à des prix plus que raisonnables. Depuis 1996, l'œnologue bordelais bien connu à travers le monde, Michel Rolland supervise la vinification et l'élevage des vins de ce magnifique domaine argentin. Les raisins sont cultivés dans la région de Mendoza sur plus de 1075 hectares et proviennent de sept vignobles appartenant à la Bodega Trapiche et dont les élévations varient entre 630 à 1000 mètres au-dessus du niveau de la mer.

Notes de dégustation

Un vin corsé qui sera plus à son avantage en compagnie d'un repas relevé. Une coloration rouge profond avec des nuances pourpres. Un bouquet généreux, un nez qui s'exprime par des fruits, des arômes de tabac, mais aussi des notes végétales et plus spécifiquement le poivron vert. Il démontre aussi des fragrances de vanille et de chocolat. Un palais riche de saveurs de cassis à maturité, ainsi que des fruits noirs abondants et enrobés de tannins fermes. Si j'ai un conseil, ayez la patience de laisser ce vin s'ouvrir dans votre verre ou donnez-lui un petit coup de pouce en le passant en carafe une trentaine de minutes. À servir à une température située entre 15 et 17°Celsius.

Accord mets et vin

La viande rouge sur le BBQ est, à mon sens, l'harmonie gagnante avec ce vin en puissance. De l'agneau, du gibier ou un bon filet mignon avec une sauce aux trois poivres devraient procurer une harmonie de saveurs et de plaisirs gourmands. Certains fromages doux sont aussi à considérer.

Torrae del Sale Sangiovese

15,29 $

Cépage :	**Sangiovese**
Producteur :	**Marco vini Tipici dell Aretino**
Millésime :	**2005**
Région :	**Toscane**
Pays :	**Italie**
Catégorie :	**Rouge**
Alcool :	**12,5 %**
Dégustation :	**2008/12**
Fermeture :	**Liège**
CUP :	**8016706000345**
Site Internet :	**www.torraedelsale.com**

Notes de dégustation

Un vin de Toscane qui a remporté une médaille d'or lors de l'Expo Vin 2008 présentée à Moncton dans la catégorie des vins de l'Ancien Monde entre 15 et 30 dollars. C'est certainement une aubaine à ce prix pour un vin juteux à la couleur grenat dégageant des arômes de cerises, de cassis et même de framboises. Comme je l'ai indiqué à quelques reprises dans ce livre, je ne rencontre pas souvent de vins rouges italiens qui se prêtent bien à la consommation sans nourriture. Ce sangiovese est au contraire un pur délice avec ses fruits, sa texture veloutée, ses tanins charmeurs qui s'arriment ensemble pour donner un vin merveilleusement équilibré. Le vin a été vieilli en partie dans des cuves en acier inoxydable, une portion en fût de chêne français et une autre quantité en fût de chêne de Slovénie. Servir à une température de 18°C.

Accord mets et vin

Un vin pour les repas simples, pour la cuisine italienne de tous les jours. Des pâtes, de la pizza et certains fromages feront bon ménage avec ce vin de la Toscane. Il sera aussi agréable avec des mets cuisinés sur le BBQ.

Campo Viejo Crianza

15,29 $

Cépage:	Mélange (tempranillo, grenache, mazuelo)
Millésime:	2005
Producteur:	Domecq Bodegas SL
Région:	Rioja
Pays:	Espagne
Catégorie:	Rouge
Alcool:	13,5 %
Dégustation:	2009/01
Fermeture:	Liège
CUP:	8410302106300
Site Internet:	www.domecqbodegas.com

Notes de dégustation

Un rioja arborant un classicisme d'un charme signé de la griffe de la winemaker Elena Adell dans un style moderne. Un rouge rubis qui dégage des arômes de cerises accompagnés de notes de vanille. Sans être trop lourd, ce mélange de tempranillo, grenache et mazuelo est soyeux, velouté et facile à boire. L'Espagne et ses charmes dans une bouteille honnêtement abordable pour le consommateur.

Accord mets et vin

Un beau vin à consommer avec de l'agneau, un filet de bœuf au poivre, un tournedos au poivre vert et ou de la pizza!

Trumpeter Cabernet Sauvignon

15,49 $

Cépage :	**Cabernet sauvignon**
Producteur :	**Familia Rutini Wines**
Millésime :	**2006**
Région :	**Mendoza**
Pays :	**Argentine**
Catégorie :	**Rouge**
Alcool :	**13,5 %**
Dégustation :	**2008/12**
Fermeture :	**Liège**
CUP :	**089046333013**
Site Internet :	**www.rutiniwines.com**

Notes de dégustation

Un classique de constance du savoir-faire de l'Argentine et ce, depuis plusieurs années. Le Trumpeter est disponible en deux versions, le malbec et le cabernet sauvignon à laquelle je me suis arrêté plus spécifiquement. Ce Cab est une belle occasion de découvrir ce cépage à moins de 15 dollars. Les raisins proviennent d'un vignoble âgé de 32 ans au cœur de la région de Mendoza à 2600 pieds au-dessus du niveau de la mer. Ils sont évidemment ramassés à la main et passeront sept mois dans des barriques françaises pour 50 % de ceux-ci et l'autre moitié dans du vieux chêne américain. Le vin est rouge pourpre avec des arômes concentrés de fruits juteux. Les cerises et les mûres sont aussi omniprésentes dans les saveurs du vin avec des notes de fraises. Des tannins fermes donnent le ton en bouche avec une touche d'acidité équilibrée par des notes de vanille et de cacao. Le tout s'épanouit par une belle finale en longueur. C'est un vin corsé à prix doux qui plaira aux amateurs de sensations fortes !

Accord mets et vin

Un vin pour vos BBQ durant la période estivale. L'agneau grillé, le bison, le canard aux champignons et les brochettes de bœuf feront bonne impression en sa présence. Des merguez, un rôti de veau ou un simple steak-frites seront de bonnes combinaisons.

Brumont Tannat Merlot

15,49 $

Cépage:	Mélange merlot et tannat
Producteur:	Domaines & Château d'Alain Brumont
Millésime:	2006
Région:	Sud-ouest
Pays:	France
Catégorie:	Rouge
Alcool:	13 %
Dégustation:	2009/01
Fermeture:	Liège
CUP:	3372220000236
Site Internet:	www.brumont.fr

Le nom d'Alain Brumont est reconnu à l'échelle de la planète et parmi ses grandes réalisations, les vins Montus et Bouscassé se retrouvent parmi les vins les plus appréciés provenant du sud-ouest de la France et particulièrement dans l'appellation Madiran. Vous trouverez également dans ce livre un autre vin intéressant, le Torus, du même producteur.

Notes de dégustation

Pour ce mélange de 50 % merlot et 50 % tannat, Brumont a essayé de donner au vin une allure Nouveau Monde. Réunir un cépage plus commun en bordelais avec le tannat qui est plus utilisé dans le sud-ouest donne un résultat assez intéressant et particulier. C'est un vin de couleur rouge rubis foncé qui donne lieu à des arômes de cassis, de mûres, d'olives et de pruneaux. Des notes poivrées, végétales et de fût de chêne toasté émergent également de son bouquet. En bouche, c'est expressif et il dégage une belle complexité et de la finesse. Il y a du tonus dans ce Brumont et le côté épicé des arômes s'exprime au goût tout en persistant lors de la finale un peu mentholée. Un vin à servir à 17 °C et à consommer maintenant.

Accord mets et vin

Un bon BBQ et ce vin trouvera tous ses attributs en compagnie d'une bonne pièce de viande rouge. De l'agneau, des brochettes de bœuf, un pâté de campagne et même une terrine de foie gras feront d'agréables associations avec ce vin.

Costalunga Barbera d'Asti DOC

15,49 $

Cépage :	Barbera
Producteur :	Bersano Spa
Millésime :	2005
Région :	Piémont
Pays :	Italie
Catégorie :	Rouge
Alcool :	13,5 %
Dégustation :	2009/03
Fermeture :	Liège
CUP :	8000192005502
Site Internet :	www.bersano.it

La région du Piémont est surtout réputée pour ses rouges. C'est la 7e région en terme de production parmi les régions italiennes et le Barbera représente l'un des cépages les plus répandus de ce terroir gisant aux pieds des monts. La maison Bersano est campée au cœur du district de Barbera d'Asti dans la commune de Nizza Monferrato depuis la fin du XIXe siècle. Ce rouge est élevé en fût de chêne slovaque pendant huit à dix mois pour finir sont vieillissement trois mois en bouteille.

Notes de dégustation

Le Barbera est un cépage qui donne des vins colorés, tanniques et ayant une acidité assez relevée. Ce Castalunga est justement d'un rouge de bonne intensité et offrant des fragrances de cerises, de cuir et d'herbes séchées avec quelques petits fruits rouges. Le vin est moyennement corsé et les tannins sont secs sans être trop austères. Il offre de belles saveurs de tabac en finale. Un vin qui pourra se conserver de six à huit années. Celui-ci est à consommer avant 2012.

Accord mets et vin

Avec l'Antipasti, le fromage emmenthal, un confit de canard ou du jambon fumé, ce vin pourra se marier également avec plusieurs mets italiens dont la pizza, les spaghettis à la carbonara ou un osso buco.

Rymill Coonawarra Yearling

15,49 $

Cépage :	Cabernet sauvignon
Producteur :	Rymill Coonawarra
Millésime :	2006
Région :	Coonawarra, South Australia
Pays :	Australie
Catégorie :	Rouge
Alcool :	14 %
Dégustation :	2009/03
Fermeture :	Capsule à vis
CUP :	315128051010
Site Internet :	www.rymill.com.au

L'aventure du vin dans la région de Coonawarra débute en 1890 alors que les premières vignes ont été plantées dans la « Penola Fruit Colony » par ses premiers colons, comme la famille Redman qui a adopté la vision de son fondateur écossais, John Riddoch. Coonawarra produit une grande partie des grands cabernets sauvignons d'Australie.

Notes de dégustation

Le Yearling est un vin rouge concentré qui est élevé en fût de chêne français alors que 40 % de la composition du produit aura passé huit mois dans des barriques de trois et quatre ans d'âge. Une allure attrayante avec sa robe de couleur rouge cerise. Le nez n'est pas en reste avec des arômes dignes d'un pur-sang avec ses parfums de cannelle, de chocolat noir et une touche de menthe accompagnée aussi de notes subtilement végétales. En bouche, des saveurs de prunes et de cerises à maturité, une touche de vanille et d'épices. Un vin en souplesse et une finale qui est toutefois légèrement astringente. Le Yearling est un vin qui est prêt à se laisser apprivoiser dès maintenant.

Accord mets et vin

Avec du bœuf rôti ou un filet de bœuf, ce rouge est tout désigné. Un simple steak-frites ou des tournedos pourront s'harmoniser avec ce vin du pays des kangourous et des koalas.

Château de Gourgazaud Minervois

15,49 $

Cépage:	Mélange syrah et mourvèdre
Producteur:	Château de Gourgazaud
Millésime:	2006
Région:	Languedoc-Roussillon
Pays:	France
Catégorie:	Rouge
Alcool:	13 %
Dégustation:	2009/01
Fermeture:	Liège
CUP:	3497120000015
Site Internet:	gourgazaud.com

Le Château de Gourgazaud représente quatre générations de connaissance dans l'élaboration du vin dans la famille Piquet. Ce vin d'appellation de Minervois est d'une constance étonnante année après année. C'est donc un rouge offrant un bon rapport qualité/prix qui traduit bien la notion du respect du terroir par ces passionnés de la vigne. Au moment d'écrire ces lignes, le vin n'était plus disponible au Nouveau-Brunswick. Il est à souhaiter qu'on le place à nouveau dans le répertoire régulier d'Alcool NB Liquor.

Notes de dégustation

Le Château de Gourgazaud est un mélange de syrah et mourvèdre. Il se démarque par son caractère méditerranéen où les raisins sont chauffés par une bonne dose de soleil qui lui procure une robe rouge violacé foncé. Les arômes sont marqués par des noisettes grillées et des notes de mûres et de poivre. En bouche, le vin est souple et tend vers les fruits sauvages. Les tannins sont charnus et la finale est d'une bonne longueur. La température de service suggérée est de 16° à 18°C.

Accord mets et vin

Viandes rouges, côte de bœuf, grillades, fromages et de l'agneau braisé aux fines herbes feront un beau mariage. Personnellement, je l'ai adoré en présence d'une raclette avec différentes viandes marinées.

Primitivo del Salento Classica IGT

15,49 $

Cépage :	Primitivo
Producteur :	Cantele
Millésime :	2005
Région :	Les Pouilles
Pays :	Italie
Catégorie :	Rouge
Alcool :	13 %
Dégustation :	2009/03
Fermeture :	Bouchon synthétique
CUP :	8009015033425
Site Internet :	www.cantele.it

Notes de dégustation

À mon avis, c'est le meilleur Primitivo disponible au Nouveau-Brunswick. Un vin rouge rubis avec des reflets discrets de grenat. Les cerises et les prunes émergent de son bouquet avec des arômes de fleurs et d'épices. En bouche, c'est un vin soyeux, caractérisé par des tannins souples, qui procure de belles sensations, un vin facile à boire et élégant pour le prix. Un vin à servir à une température de 16 à 18°C. Il est prêt à boire maintenant.

Accord mets et vin

w

Quel beau vin rouge en apéritif, ce qui est plutôt rare de par mes propres expériences avec les vins d'Italie qui sont, à mon sens, faits pour être appréciés davantage à table avec un bon repas. Ce primitivo sera tout de même un bon partenaire avec la viande rouge et particulièrement de l'agneau. Pour l'amateur de cuisine italienne, ce rouge est conseillé avec des pâtes et une sauce à la viande. Finalement, les fromages feront aussi un beau complément à ce vin.

Trio Cabernet Sauvignon/ Shiraz/Cabernet Franc — 15,79 $

Cépage :	Assemblage de cabernet sauvignon, syrah et cabernet franc
Producteur :	Concha Y Toro
Millésime :	2006
Région :	Vallée de Maipo
Pays :	Chili
Catégorie :	Rouge
Alcool :	14,5 %
Dégustation :	2008/12
Fermeture :	Liège
CUP :	7804320143958
Site Internet :	www.conchaytoro.com

Notes de dégustation

La gamme des vins Trio de Concha y Toro est une belle réussite des vins du Chili. Tout comme le blanc chardonnay, pinot grigio et pinot blanc, l'assemblage en rouge offre un excellent rapport qualité/prix. Le mélange cabernet sauvignon (70 %), shiraz (15 %) et cabernet franc (15 %) propose un vin savoureux et expressif en saveurs et en arômes. Au nez, les fruits mènent le bal avec les mûres et des notes de chocolat émergent de son bouquet. La structure enrobe la bouche avec les fruits noirs, un côté épicé et juteux qui développe des notes de caramel sur une longue finale. Un vin plaisir à bon prix.

Accord mets et vin

w

Un compagnon idéal de vos steaks et pourquoi pas un simple hamburger avec du bacon et du fromage cheddar? Un bœuf carpaccio ou un magret de canard grillé feraient aussi bon ménage.

Santa Cristina IGT Marchese Antinori

15,79 $

Cépage:	Sangiovese
Producteur:	Marchese Antinori S.R.L.
Millésime:	2006
Région:	Toscane
Pays:	Italie
Catégorie:	Rouge
Alcool:	13 %
Dégustation:	2008/11
Fermeture:	Liège
CUP:	8001935361404
Site Internet:	www.antinori.it

Notes de dégustation

Le Santa Cristina est issu d'une des plus merveilleuses régions productrices de vin de l'Italie soit la Toscane. De couleur rubis, le vin offre sans détour des arômes et saveurs délectables. Un sangiovese abordable avec une belle intensité olfactive de fruits constitués de cerises et de fruits noirs comme les mûres. Une structure harmonieuse au palais où le fruit est encore bien présent et ses tannins doux et arrondis en font un bel achat à près de 15 dollars. Cette cuvée est produite depuis 1946 par la prestigieuse maison Antinori qui ajoute, depuis près d'une quinzaine d'années, une petite proportion de merlot dans son élaboration, afin de le rendre un peu plus doux.

Accord mets et vin

À découvrir pour accompagner tous vos plats de pâtes, lasagnes et pizza.

Cycles Gladiator Central Coast Syrah

15,79 $

Cépage :	Syrah - shiraz
Producteur :	Wimbledon Wine Co
Millésime :	2006
Région :	Californie
Pays :	États-Unis
Catégorie :	Rouge
Alcool :	13,5 %
Dégustation :	2008/10
Fermeture :	Liège
CUP :	086788333578
Site Internet :	www.cyclesgladiator.com

Notes de dégustation

J'ai découvert ce vin pour la première fois et je dois dire qu'il m'a laissé une bonne impression. Un vin aux arômes de fraises, de prunes, mais aussi des épices de poivre moulu et une subtile présence de chêne. En bouche, un vin velouté qui exhibe son fruit sans exagération pour y apporter un équilibre apprécié. Une bouteille très marketing avec son étiquette aguichante. Les raisins de ce vin proviennent de la région de Central Coast, en Californie, près de deux sources, soit Monterey et Paso Robles. À découvrir !

Accord mets et vin

Idéal avec du gibier à plumes comme le canard, le faisan et même des côtes levées sur le gril. On pourra même l'essayer en compagnie de mets mexicains comme les burritos ou les tostitos et salsa.

Gabriel Liogier La Taladette Rouge

16,29 $

Cépage :	Assemblage de grenache, mourvèdre et syrah
Producteur :	Château De Corton-André
Millésime :	2006
Région :	Rhône
Pays :	France
Catégorie :	Rouge
Alcool :	14 %
Dégustation :	2008/11
Fermeture :	Liège
CUP :	3193411540023

Notes de dégustation

Situé entre Rochegude et Mondragon, sur les coteaux qui constituaient les anciennes terrasses du Rhône, ce domaine de Gabriel Liogier est caractérisé par un terroir calcaire, de silice, de marne et de galet. Ce rouge s'exprime par la puissance de la grenache, le parfum du mourvèdre, la charpente de la syrah et la finesse du cinsault. Un bel équilibre pour un vin qui va se conserver quelques années sans problème. La température suggérée de service est de 16°C. Un bon vin de table.

Accord mets et vin

Un vin à essayer avec la fondue chinoise, mais aussi les grillades durant l'été.

Tommasi Valpolicella Classico Superiore — 16,29 $

Cépage :	**Corvina, rondinella et molinara**
Producteur :	**Tommasi Viticoltori**
Millésime :	**2007**
Région :	**Vénétie**
Pays :	**Italie**
Catégorie :	**Rouge**
Alcool :	**12 %**
Dégustation :	**2008/11**
Fermeture :	**Liège**
CUP :	**8004645304105**
Site Internet :	**www.tommasiwine.it**

Notes de dégustation

Un vin d'appellation Valpolicella élaboré à partir des cépages corvina (60 %), rondinella (30 %) et molinara (10 %). La robe grenat de ce Valpolicella cache la présence d'un vin aux fruits abondants. La cerise est en vedette avec des notes de fumée et de viande grillée. Un vin juteux qui met l'eau à la bouche avec son acidité qui se dissimule derrière le fruit. Lors d'une soirée organisée avec une quarantaine d'amis en novembre 2008, ce vin s'était illustré parmi les meilleurs de la soirée sur une vingtaine de produits italiens à moins de 20 dollars.

Accord mets et vin

Superbe avec la pizza, les légumes, la volaille et la viande rouge. Il sera aussi un bon compagnon pour les cheddars un peu relevés.

La Cabotte – Colline Domaine d'Ardhuy

16,29 $

Cépage:	Assemblage de grenache, syrah et cinsault
Producteur:	Marie-Pierre Plumet d'Ardhuy
Millésime:	2005
Région:	Côtes du Rhône
Pays:	France
Catégorie:	Rouge
Alcool:	13,5 %
Dégustation:	2008/08
Fermeture:	Liège
Code CUP:	376011143037
Site Internet:	www.ardhuy.com

Notes de dégustation

Le premier nez est axé sur le cassis, la framboise ou la grenade, pour laisser place à des arômes plus complexes de fruits noirs et d'épices au second nez. Des tannins fins et soyeux. Beaucoup de rondeur, d'équilibre et d'harmonie.

Accord mets et vin

Avec le gibier à plumes, avec la volaille et même avec une fondue accompagnée de quelques sauces relevées, il s'avère adéquat.

Coronas Torres Tempranillo

16,29 $

Cépage :	Tempranillo
Producteur :	Miguel Torres S.A.
Millésime :	2005
Région :	Catalogne
Pays :	Espagne
Catégorie :	Rouge
Alcool :	13,5 %
Dégustation :	2008/10
Fermeture :	Liège
Code CUP :	8410113003089
Site Internet :	www.torres.es

Notes de dégustation

Les vins de Torres sont habituellement synonymes de qualité. Le Coronas est un beau vin au rapport qualité/prix très honnête. Un vin aux teintes grenat et aux reflets subtils violacés. Un nez complexe de différents arômes de fruits (prunes, fraises, mûres) de truffe, de chêne et de torréfaction. Ce beau vin de tempranillo est élaboré avec une petite touche de cabernet sauvignon. En bouche, il est harmonieux avec des tannins fermes sans être austères. Une jolie touche de saveurs épicées, de fumée et une structure tannique un peu animale. Un vin prêt à boire, mais qui pourrait se conserver jusqu'en 2012.

Accord mets et vin

Viandes, paella et fromages crémeux.

Alexis Lichine appellation Bordeaux contrôlée

16,49 $

Cépage :	Mélange (cabernet sauvignon, merlot, cabernet franc, petit verdot)
Producteur :	Le Groupe Ballande – SA Château Prieuré-Lichine
Millésime :	2006
Région :	Bordeaux
Pays :	France
Catégorie :	Rouge
Alcool :	12 %
Dégustation :	2009/01
Fermeture :	Liège
CUP :	3452130038199
Site Internet :	www.prieure-lichine.fr

Alexis Lichine est un nom connu du monde du vin. Ce moscovite de naissance a su s'imposer sur la scène viticole du Médoc en devenant propriétaire, au début des années 1950, du Château Prieuré-Lichine et en assurant la gérance du Château Lascombes dans lequel il avait aussi des parts. Lichine était également du nombre des experts en dégustation lors du célèbre Jugement de Paris en 1976 et fût choisit l'homme de l'année en 1987 par le Magazine britannique Decanter. Lichine a écrit aussi plusieurs ouvrages sur le vin. Il est décédé d'un cancer au Château Prieure-Lichine le 1er juin 1989 et c'est son fils, Sacha, qui lui succéda à la tête de l'entreprise. Le Château Prieure-Lichine fut vendu en 1999, mais le nom Lichine demeure encore omniprésent.

Notes de dégustation

Cet incontournable vin d'appellation Bordeaux contrôlée élevé en fût de chêne représente un bel héritage de cet homme passionné du vin qu'était Alexis Lichine. Un vin raffiné pour un peu plus de 15 dollars provenant d'un terroir noble qu'est celui de Bordeaux. La robe rubis profond de ce bordelais se démarque par son nez aromatique de fruits dominé par la cerise, le pruneau, des notes de cassis mais aussi par un arôme subtilement floral empreint d'un parfum de violette. Une belle concentration, de la puissance dans l'élégance et des tannins assez solides qui démontrent qu'il est possible, encore de nos jours, de faire un rouge à 12 % d'alcool et avec un niveau de complexité intéressant. Un vin velouté et vanillé qui s'exprime en bouche avec un fruit enveloppant et un boisé agréable. Le millésime 2006 est expressif et il pourra se conserver de quatre à cinq ans. À boire entre 16 et 18°Celsius.

Accord mets et vin

Agréable avec les viandes rouges, de la dinde rôtie, un magret de canard et du bison, il sera aussi un bon compagnon des fromages, comme le gouda ou un Saint-Nectaire.

Montes Cabernet Sauvignon

16,49 $

Cépage :	Cabernet sauvignon
Producteur :	Montes Sa
Millésime :	2006
Région :	Colchagua Valley
Pays :	Chili
Catégorie :	Rouge
Alcool :	14,5 %
Dégustation :	2008/09
Fermeture :	Liège
CUP :	715126000017
Site Internet :	www.monteswines.com

Notes de dégustation

Voici l'exemple d'un vin du Chili séduisant et doté d'un bel équilibre. Sa couleur foncée, dans les teintes pourpres, séduit le nez avec ses notes de fraises et de mûres accompagnées par un arôme de chêne savoureusement épicé. On y retrouve aussi des notes légèrement florales. Le vin est confituré en bouche avec l'expression du fruit qui s'exhibe par une belle finale sans être trop tannique.

Accord mets et vin

Idéal avec le BBQ.

Riscal Tempranillo

16,79 $

Cépage :	Tempranillo
Producteur :	Marques de Riscal
Millésime :	2006
Région :	Castilla y Leon
Pays :	Espagne
Catégorie :	Rouge
Alcool :	13,5 %
Dégustation :	2008/07
CUP :	8410866430477
Fermeture :	Liège
Site Internet :	www.marquesderiscal.com

Notes de dégustation

Ce vin élaboré à partir de Tempranillo, cépage vedette de l'Espagne est doté de belles caractéristiques olfactives et gustatives. Ce qui est particulier dans l'élaboration de ce vin, c'est qu'il a séjourné dans du fût de chêne américain, ce qui lui donne un velouté particulier et qui semble adoucir davantage les tannins que l'on retrouve dans le Tempranillo. C'est un beau vin rouge avec des reflets subtils de couleurs violacés. Le fût de chêne dégage ses fragrances tout en laissant les fruits noirs s'exprimer en olfaction. On est vite séduit par son côté un peu crémeux qui s'offre en délicatesse au palais tout en étant assez intense avec des saveurs de cerises, de prunes, de caramel et même de tabac. L'acidité est bien dosée et le vin procure une finale agréable avec ce goût subtil de chêne qui refait surface.

Accord mets et vin

Accompagne les ailes de poulet, brochettes de porc, jambon, quiche, tapas et fromage de chèvre, sans oublier la traditionnelle paella.

Don David Malbec Reserve

16,99 $

Cépage:	Malbec
Producteur:	Michel Torino Wines
Millésime:	2006
Région:	Vallée de Cafayate
Pays:	Argentine
Catégorie:	Rouge
Alcool:	14%
Dégustation:	2009/02
Fermeture:	Liège
CUP:	7790189001129
Site Internet:	www.micheltorino.com.ar

La Vallée de Cafayate produit du vin quasi aérien avec ses vignes à plus de 5 500 pieds au-dessus du niveau de la mer. Michel Torino est d'ailleurs l'un des plus importants viticulteurs de cette vallée en Argentine.

Notes de dégustation

Quel vin expressif, autant en termes d'arômes que de saveurs! Michel Torino offre une gamme de vin qui m'a littéralement séduit en 2009 avec son torrontés en blanc et ce magnifique malbec en rouge. Ce dernier est caractérisé par une robe rouge foncé dans les tons pourpres. Un nez affriolant de parfums fruités et de torréfaction. La confiture de prunes, le tabac et des notes de vanille complètent son parfum. La bouche est juteuse et relevée avec des saveurs d'épices, de cassis et de fruits noirs. Un vin velouté, équilibré et doté d'une longue finale qui laisse une impression de «sucré». Ce vin me laissait la même sensation en bouche que certains vins de renom de la Vallée de Napa qui se vendent 60 dollars de plus.

Accord mets et vin

C'est le compagnon idéal des plats de viandes rouges, particulièrement le bœuf grillé, les mets sur le BBQ et également la viande de gibier comme le chevreuil.

Henry of Pelham Baco Noir

16,99 $

Cépage :	Baco noir
Producteur :	Henry Of Pelham Estate Winery
Millésime :	2006
Région :	Péninsule de Niagara
Pays :	Canada
Catégorie :	Rouge
Alcool :	13 %
Dégustation :	2009/02
Fermeture :	Liège
CUP :	779376109012
Site Internet :	www.henryofpelham.com

Un cépage très peu utilisé de nos jours, le baco noir est commercialisé en Ontario avec cette d'appellation VQA du Niagara. Le Domaine Henry of Pelham est situé près de St Catharines dans la Péninsule du Niagara sur le Short Hills Bench. Propriété de la famille Speck depuis 1988, la terre fût acquise par Nicholas Smith en 1794 (arrière-arrière-arrière grand-père des Speck). Son plus jeune fils Henry of Pelham a construit le bâtiment qui abrite le vin du domaine et la salle d'accueil.

Notes de dégustation

Attention à vos chemises blanches, le baco noir est un vin foncé rouge violacé presque opaque qui tache le verre un peu à la manière d'un tannat de Madiran. Une puissance aromatique qui se confirme par des arômes de cerises noires, de pain grillé, d'épices et dominé par le tabac. Certaines notes végétales peuvent aussi s'exprimer au nez. En bouche, une bombe de fruits qui montre une bonne pointe d'acidité et de belles saveurs de cerises que l'on retrouvait en olfaction. Des tannins enrobés de velours et une finale ayant une bonne persistance. La fermentation de ce vin canadien a été effectuée en cuve d'acier inoxydable et le vieillissement dans le vieux chêne américain et une portion de chêne neuf pour une période de six à huit mois. La température de service de ce vin est suggérée entre 15 et 16°C.

Accord mets et vin

Un vin qui s'harmonise avec une multitude de plats comme les viandes de gibier, le bœuf et la cuisine épicée. Pour les amateurs de fromages, le producteur suggère aussi des cheddars vieillis.

d'Arenberg Stump Jump Red

17,29 $

Cépage:	Assemblage de grenache, shiraz et mourvèdre
Producteur:	d'Arenberg Pty Ltd
Millésime:	2006
Région:	McLaren Vale
Pays:	Australie
Catégorie:	Rouge
Alcool:	13,5 %
Dégustation:	2008/09
Fermeture:	Capsule à vis
CUP:	9311832314007
Site Internet:	www.darenberg.com.au

Notes de dégustation

Ce mélange des cépages grenache (48 %), shiraz (28 %) et mourvèdre (24 %) pourrait vous causer certaines surprises dans une dégustation à l'aveugle et même vous confondre avec des vins du Rhône. C'est un savoureux rouge d'Australie dont la bouteille est coiffée d'une capsule à vis pour votre bon plaisir. Une belle couleur rubis et un nez caractérisé par les fruits noirs, le clou de girofle, la prune et des notes un peu herbacées. Tout comme son homonyme en blanc, ce vin de la maison d'Arenberg offre un excellent rapport qualité/prix. Il pourra se conserver au cellier pour les trois à quatre prochaines années. Lors de sa fabrication, le vin a maturé à 50 % dans les barriques de chêne pour six mois. Le nom du vin est inspiré de l'humour dont fait preuve la maison d'Arenberg dans le choix des noms de ses produits.

Pour comprendre d'où provient l'expression The Stump Jump visitez le site de la maison d'Arenberg.

Accord mets et vin

À découvrir avec de l'agneau, une escalope de veau à la milanaise, un jambon braisé et des pâtes carbonara. Une pizza, un bon rosbif ou un poulet rôti sont aussi à recommander.

McWilliams Hanwood Estate Cabernet Sauvignon 17,49 $

Cépage :	Cabernet sauvignon
Producteur :	E & J Gallo Winery
Millésime :	2006
Région :	Southeastern Australia
Pays :	Australie
Catégorie :	Rouge
Alcool :	13,5 %
Dégustation :	2009/08
Fermeture :	Liège
CUP :	085000011782
Site Internet :	www.mcwilliamswine.com

En 2002, la maison McWilliam a célébré son 125e anniversaire d'existence avec plus de six générations d'expérience dans la fabrication du vin. C'est aujourd'hui l'une des maisons les plus primées d'Australie puisque les vins de McWilliam reçoivent l'attention des jurys pour de nombreux prix à travers les différents concours qui se déroulent dans le monde. Scott McWilliam a débuté en 1989, à l'âge de 14 ans, à œuvrer au vignoble et il fait partie de l'équipe de viticulteurs avec Phil Ryan et Jim Brayne.

Notes de dégustation

Ce cabernet sauvignon brille d'élégance par sa robe grenat et se distingue aussi par le raffinement de son nez aux fruits abondants de cerises, de prunes et une touche d'arômes de cèdres. J'ai même l'impression d'y déceler des notes de menthol par moment ce qui lui confère un aspect épicé. C'est un vin élaboré avec finesse et qui se communique aussi au palais par une belle sensation veloutée au palais avec ses tanins d'intensité moyenne. La finale culmine sur le fruit avec une bonne dose de cerises noires et des saveurs de chocolat. Un vin à boire avant la fin 2010.

Accord mets et vin

Pour l'amateur de viandes rouges, cet Australien sera tout désigné particulièrement avec un canard rôti sauce aux cerises, un fajita au bœuf épicé ou encore de l'agneau, un filet mignon de chevreuil ou pourquoi pas un bon hamburger sur le BBQ.

Finca Antigua Tempranillo Mendoza

17,79 $

Cépage :	Tempranillo
Producteur :	Finca Flichman SA
Millésime :	2006
Région :	Mendoza
Pays :	Argentine
Catégorie :	Rouge
Alcool :	14 %
Dégustation :	2008/10
Fermeture :	Liège
CUP :	745641066403
Site Internet :	www.flichman.com.ar

Notes de dégustation

Un vin avec des tannins généreux et un cépage qui s'adapte bien au climat argentin. Au nez, ce vin de Mendoza s'ouvre sur des fruits noirs et ensuite dégage des arômes de fraises. La vanille est aussi présente, ce qui ajoute à la souplesse en bouche. Un vin costaud, intense, mais qui sera apprécié à table avec une belle pièce de viande.

Accord mets et vin

Poulet et porc rôti, plats de pâtes.

Errazuriz Estate Shiraz

17,79 $

Cépage :	**Shiraz**
Producteur :	**Vina Errazuriz SA**
Millésime :	**2006**
Région :	**Vallée du Rappel**
Pays :	**Chili**
Catégorie :	**Rouge**
Alcool :	**14,5 %**
Dégustation :	**2008/12**
Fermeture :	**Liège**
CUP :	**608057105053**
Site Internet :	**www.errazuriz.com**

Vina Errazuriz a produit des vins qui m'ont toujours impressionné. C'est Don Maximiano Errazuriz qui en serait certainement très fier. Bref, que ce soit le Cabernet Max Reserva ou le Fumé Blanc (il n'était plus disponible au moment d'écrire ces lignes), c'est un producteur représentant une valeur sûre en provenance du Chili. Quant à cette shiraz, je dois avouer que c'est un vin qui va plaire aux gens qui aiment des vins goûteux où le fruit se mélange à une bonne dose de fût de chêne. Pour ma part, c'est un vin que je trouve un peu trop exubérant. Toutefois, il sera parfait avec des mets sur le BBQ.

Notes de dégustation

À partir de vignes plantées en 1993, le millésime 2006 présente un vin arborant une robe rouge violacé et un nez expressif de fruits, soutenu par des arômes de cassis, de cacao, d'eucalyptus et des notes poivrés. En bouche, le vin est riche, rond, avec des tanins charnus qui débouchent sur une texture veloutée de saveurs de vanille et de cèdre. La finale est persistante, on a l'impression d'avoir du cacao en bouche. Un vin doté d'une fraîcheur qui fera le délice des amateurs de rouge ayant de la puissance. À servir entre 15 et 17°C. Un vin prêt à boire maintenant, mais il pourrait se conserver jusqu'en 2012.

Accord mets et vin

Un bon steak grillé accompagné de sauce au poivre, du gibier ou encore de l'agneau avec une sauce porto pourront mettre en valeur les saveurs de ce vin.

Dona Paula Los Cardos Malbec

17,99 $

Cépage:	**Malbec**
Producteur:	**Vina Dona Paula**
Millésime:	**2007**
Région:	**Mendoza**
Pays:	**Argentine**
Catégorie:	**Rouge**
Alcool:	**14 %**
Dégustation:	**2009/01**
Fermeture:	**Capsule à vis**
CUP:	**836950000018**
Site Internet:	**www.donapaula.com.ar**

Découvert à l'Expo Vins de Moncton et dégusté à nouveau en janvier 2009, ce malbec est dédié à la notion de terroir tel que préconisé par son producteur. Situé dans la région de Luján de Cuyo au sud de la ville de Mendoza, ce vignoble est une belle découverte de mes dégustations de la dernière année en provenance de l'Argentine.

Notes de dégustation

Un malbec élégant dont la robe rouge foncé aux teintes violacées semble tacher le verre tellement il y a de la belle matière. Un nez enjôleur d'arômes de fruits noirs, de prunes et de torréfaction, se mélangeant avec des notes de cacao, de réglisse, de poivre noir et de menthe. Concentré, riche et subtilement velouté, ce vin expressif aux tannins amples procure un réel plaisir en bouche. Une finale qui s'étire et un plaisir typiquement argentin par sa richesse !

Accord mets et vin

Le terroir argentin est symbolisé par l'agneau et ce met s'harmonisera à merveille avec le malbec. Du bison, des côtes levées sur le BBQ, du chevreuil, une côte de porc grillée, il y a une multitude de combinaisons possibles. Les viandes rouges grillées représentent en général un choix gagnant!

Placido Chianti

17,99 $

Cépage:	Sangiovese
Producteur:	Banfi Vintners
Millésime:	2007
Région:	Toscane
Pays:	Italie
Catégorie:	Rouge
Alcool:	12,5 %
Dégustation:	2009/01
Fermeture:	Liège
CUP:	8011047030600
Site Internet:	www.banfivintners.com

Lorsque l'on mentionne le seul nom de Toscane, on évoque la richesse historique de cette région avec des villes comme Pise, Florence et Sienne. C'est aussi une région viticole réputée et s'il est un cépage qui se démarque, c'est bien le sangiovese qui est le principal raisin entrant dans l'élaboration des vins de Chianti. Le Placido Chianti provient des collines historiques de la Toscane dans la région délimitée de Chianti.

Notes de dégustation

Un vin harmonieux d'un beau rouge rubis profond et étincelant. Les arômes sont charmeurs avec des notes florales qui se traduisent par des notes de violette. Un vin aromatique qui exhibe des fruits séduisants. Cela est caractérisé par la présence de quelques autres cépages avec le sangiovese, le canaiolo nero, le trebbiano Toscano et le malvoisie.

Ce vin juteux est sec et légèrement tannique, ce qui en fait un très bon choix à table avec une multitude de mets. À boire à une température se situant entre à 17 et 18°C.

Accord mets et vin

Un Chianti qui fera bonne impression avec la viande rouge dont des brochettes de bœuf, du canard et pourquoi pas un bon hamburger ou une pizza. Il sera aussi à point avec des pâtes et certains mets épicés.

Lindemans Reserve Merlot

17,99 $

Cépage :	Merlot
Producteur :	Lindemans
Millésime :	2004
Région :	South Australia
Pays :	Australie
Catégorie :	Rouge
Alcool :	13,5 %
Dégustation :	2009/02
Fermeture :	Liège
CUP :	012354199309
Site Internet :	www.lindemans.com.au

Notes de dégustation

Un vin rouge avec des teintes de pourpre en apparence. Un Reserve aux arômes de fruits avec en avant-plan la cerise et la prune, tout en étant aussi combiné à des notes de violet et même de cacao. Un agréable merlot d'Australie qui est assez complexe et dont la bouche est également axée sur les fruits avec notamment les mûres. Un vin qui est également supporté par des saveurs épicées, une acidité bien dosée et des tannins d'une souplesse remarquable avec la délicatesse du velours au palais. La finale est enveloppante et d'une belle longueur.

L'huître
BeauSoleil
Oyster
Simplement unique
Simply Unique
AMERICAN ACADEMY OF TASTE
GOLD MEDAL
SUPERIOR TASTE
Maison
BeauSoleil

FestiVin
www.festivin.ca
Pour le *plaisir des sens*,
un rendez-vous annuel à Caraquet

Accord mets et vin

Pour accompagner l'agneau grillé, un filet de porc rôti, un spaghetti carbonara ou du poulet pourront faire un mariage agréable. Pour ma part, je l'ai apprécié dans sa simplicité en apéritif.

Mission Hill Five Vineyards Pinot Noir

18,99 $

Cépage :	Pinot noir
Producteur :	Mission Hill
Millésime :	2006
Région :	Okanagan Valley
Pays :	Canada
Catégorie :	Rouge
Alcool :	12 %
Dégustation :	2008/12
Fermeture :	Liège
CUP :	776545995162
Site Internet :	www.missionhillwinery.com

Anthony Von Mandl est le propriétaire de Mission Hill depuis 1981. Il a acheté la propriété en état de décrépitude à cette époque et il a réalisé le tour de maitre d'en faire un domaine de renommée internationale à partir de ce vignoble situé près de Kelowna en Colombie-Britannique. Mission Hill est une fierté canadienne et j'estime qu'il faut avoir goûté ses vins pour se rendre compte de notre progression dans la fabrication du vin au nord du 49e parallèle. On retrouve près d'une vingtaine de produits de ce prestigieux vignoble sur les tablettes des différents points de ventes d'Alcool NB Liquor. Si vous avez la chance un jour de goûter le grand vin de Mission Hill, l'Oculus (commenté dans ce livre), qui est disponible pour environ 70 dollars, alors vous serez à même de juger de l'expertise de cette propriété exceptionnelle.

Notes de dégustation

La gamme Five Vineyard offre un pinot noir ayant de belles caractéristiques olfactives et gustatives. Le pinot noir de Mission Hill est d'une couleur rubis brillante. Le vin a séjourné dans le fût de chêne français et américain pendant huit mois. Il en résulte un style de vin léger qui plaira aux gens qui n'aiment pas les vins trop lourds avec des tannins. Le bouquet du vin est caractérisé par des arômes de cerises et de mûres. En bouche, c'est un mélange de fruits noirs et rouges, dont la framboise, flirtant avec des saveurs de cannelle.

Accord mets et vin

Un vin à découvrir avec un bon saumon de la rivière Restigouche ou de la Miramichi. Il fera aussi un bon compagnon avec un filet de porc ou avec les mets asiatiques pas trop relevés. Certains types de fromages le mettront aussi en valeur.

Santa Rita Cabernet Sauvignon Reserve

18,99 $

Cépage :	Cabernet Sauvignon
Millésime :	2005
Région :	Maipo Valley
Pays :	Chili
Catégorie :	Rouge
Alcool :	13,5 %
Dégustation :	2009/07
CUP :	089419007152
Fermeture :	Liège
Site Internet :	www.santarita.com

Notes de dégustation

Un vin qui s'est démarqué au Festivin dans le top trois des meilleurs achats à plus de 15 dollars. Le Chili sait produire des vins qui tiennent la route et ce cabernet sauvignon en est une bonne preuve. Un cab appuyé par une bonne dose de fruits et surtout de cerises, mais aussi une bonne attaque en bouche avec, en rétro olfaction, une dose goudronnée et de chêne brûlé qui ajoute au charme unique de ce généreux vin sous les 20 dollars. La finale est sèche tout en étant plaisante.

Accord mets et vin

Les viandes rouges et l'agneau sont un bon choix.

Shiraz Wolf Blass Yellow Label

19,49 $

Cépage :	Shiraz
Producteur :	Wolf Blass Wines
Millésime :	2006
Région :	South Australia
Pays :	Australie
Catégorie :	Rouge
Alcool :	13,5 %
Dégustation :	2008/12
Fermeture :	Liège
CUP :	098137446464
Site Internet :	www.wolfblass.com.au

Notes de dégustation

Cet autre produit de la gamme Yellow Label de Wolf Blass figure dans la catégorie des vins honnêtes pour le rapport qualité-prix. Pour près de 17 dollars, on a droit à une shiraz concentrée offrant une belle matière. Un vin rouge foncé, violacé, de belle intensité qui se démarque au nez par ses arômes de prunes cuites. Son fruit riche est soutenu par de belles notes épicées et la présence d'eucalyptus. Un vin corsé qui dégage en bouche des saveurs de mûres et de réglisse qui en font un vin joufflu et juteux. C'est une shiraz aux tannins charnus, à la texture grasse et offrant une finale qui demeure somme toute impressionnante. Sortez le BBQ, c'est un vin qui pourra se marier avec un plat relevé. À consommer entre 15 et 17°C. Un vin prêt à boire, mais qui pourrait se préserver jusqu'en 2012.

Accord mets et vin

Pour les plus raffinés, un magret de canard sera de mise, mais pour la cuisine estivale, un bon steak sur le BBQ avec une sauce au poivre fera parfaitement l'affaire. Du gibier rôti sera également un bon accord.

Merlot Wolf Blass Yellow Label

19,49 $

Cépage :	Merlot
Producteur :	Wolf Blass Wines
Millésime :	2006
Région :	South Australia
Pays :	Australie
Catégorie :	Rouge
Alcool :	13,5 %
Dégustation :	2008/12
Fermeture :	Liège
CUP :	098137668682
Site Internet :	www.wolfblass.com.au

Notes de dégustation

La gamme Yellow Label de Wolf Blass compte au moins six vins disponibles au Nouveau-Brunswick. Bien que j'affectionne particulièrement le chardonnay en blanc et la shiraz en rouge, le merlot représente un choix intéressant lorsque l'on veut sortir du merlot plus traditionnel de Bordeaux. Le Wolf Blass Yellow Label Merlot est un vin rouge violacé assez profond. Les arômes de poivron vert côtoient les fruits noirs au nez, notamment la cerise. Le tabac et les prunes se manifestent aussi dans le bouquet du vin. Il en résulte un vin avec des tannins charnus et d'une texture ample. Même en étant suffisamment corsé, il ne m'a pas semblé trop envahissant comme certaines méthodes australiennes ont déjà été accusées d'en faire trop. À servir entre 15 et 17°C. Ce vin est prêt à boire, mais se conservera jusqu'en 2010-2011.

Accord mets et vin

Un vin qui pourrait être intéressant avec la fondue chinoise. Il accompagne le canard grillé sauce aux champignons et des pâtes à la carbonara. De la terrine de faisan fera aussi un bon accompagnement à ce vin.

Montecillo Crianza

19,49 $

Cépage :	Tempranillo
Producteur :	Bodegas Montecillo, Groupe Osborne
Millésime :	2004
Région :	Rioja
Pays :	Espagne
Catégorie :	Rouge
Alcool :	13,5 %
Dégustation :	2008/12
Fermeture :	Liège
CUP :	022851202013
Site Internet :	www.osborne.es

Notes de dégustation

Rioja est une région d'Espagne réputée pour la qualité de ses vins rouges et ce Montecillo 2004 démontre justement la qualité de ce terroir magnifique. Ce tempranillo d'intensité moyenne offre une couleur grenat avec des reflets rubis. Le nez est particulièrement intéressant avec la présence des fruits dominés par les cerises. Une belle harmonie avec le fût de chêne où des arômes épicés et même de torréfaction surgissent. En bouche, un vin riche, avec une structure magnifique de saveurs concentrées de cerises et de mûres, et qui procure une belle longueur. Certainement un beau vin à boire sans accompagnement, mais il trouvera aussi de beaux accords à table. Servir à 17°C.

Accord mets et vin

Un vin qui sera capable de s'harmoniser avec des fromages crémeux d'intensité moyenne. Il fera aussi bonne figure avec des plats de gibier et, voire même, avec un saumon grillé sur une planche de cèdre.

Rosemount Estate Diamond Label Shiraz

19,49 $

Cépage :	Shiraz
Producteur :	Foster Group
Millésime :	2007
Région :	Southern
Pays :	Australie
Catégorie :	Rouge
Alcool :	13,5 %
Dégustation :	2009/06
Fermeture :	Liège
CUP :	012894855215
Site Internet :	www.rosemountestate.com.au

Rosemount Vineyards est situé dans le sud de l'Australie et produit une gamme de vins sous la bannière Diamond Label qui représente ordinairement un rapport qualité/prix acceptable. Les raisins de ce shiraz proviennent de plusieurs vignobles dans le sud du pays. Ce sont des vins qui plairont à une majorité de consommateurs par leur style et leur caractère.

Notes de dégustation

Un beau shiraz d'une couleur rouge cerise en apparence. C'est un vin concentré de fruits noirs au nez et offrant des arômes de réglisse, de bois et d'herbe. Une touche de vanille est aussi présente puisque le vin a séjourné pendant un certain temps dans le fût de chêne américain. Au contact avec le palais, on découvre l'essence de ses fruits à saveurs de mûres, de prunes et d'épices. Un goût juste, assez épicé, qui s'harmonise avec une acidité et des tannins d'une intensité moyenne. Un vin pour les amateurs de BBQ.

Accord mets et vin

Avec la période estivale, ce shiraz apportera une belle touche à vos mets plus relevés comme le bœuf, l'agneau et le canard. Il sera aussi un bon vin pour les plats de tous les jours comme un bon cheeseburger bacon. Pour les amateurs de vins et fromages, il faudra prévoir un fromage ayant une bonne structure, comme un vieux cheddar.

St Hallett Game Keepers Reserve

19,49 $

Cépage :	Mélange shiraz - grenache - touriga nacional
Producteur :	St Hallett winery
Millésime :	2007
Région :	Barossa
Pays :	Australie
Catégorie :	Rouge
Alcool :	14,5 %
Dégustation :	2009/03
Fermeture :	Capsule à vis
CUP :	9316920000077
Site Internet :	www.sthallett.com.au

Le shiraz, le grenache et même du touriga nacional (variété tradionnelle utilisée dans le Porto au Portugal) entre dans la composition de ce rouge de la région de Barossa. Dominé à 75 % par le shiraz, ce produit tout, comme le Chardonnay Pocher Blend de la maison St Hallett décrit dans ce livre, offre des caractéristiques attrayantes à un peu moins de 20 dollars. St Hallett a été nommé vignoble de l'année en 2004 par le magazine Wine & Spirits.

Notes de dégustation

Visuellement, on est en présence d'un vin rouge profond avec des nuances pourpres. Le Game

Keepers Reserve offre une palette olfactive dominée par les fruits, les épices et surtout des notes florales avec la violette en vedette. Le palais est fruité, riche en saveurs de cerises et de fruits rouges dans une texture veloutée, voire même crémeuse en finale. Sa personnalité est celle d'un vin qui offre de la puissance avec ses 14,5 % d'alcool, du piquant avec son goût épicé, mais il demeure un vin amical, ne demandant qu'à partager la vedette avec un bon repas. Ses tanins sont d'une belle souplesse et mettent en valeur le caractère particulier des vins élaborés à partir du shiraz de cette belle région de Barossa.

Accord mets et vin

Un vin que l'on recommande avec de la viande fumée, du gibier à plumes, comme du canard rôti.

Penfolds Bin 2 Shiraz Mourvèdre

19,79 $

Cépage :	Shiraz et mourvèdre
Producteur :	Penfolds winery
Millésime :	2004
Région :	South Australia - Victoria
Pays :	Australie
Catégorie :	Rouge
Alcool :	14,5 %
Dégustation :	2008/10
Fermeture :	Liège
CUP :	01235407199
Site Internet :	www.penfolds.com

Notes de dégustation

Le Bin 2 de Penfolds est un mélange de shiraz et mourvèdre d'une complexité qui plaira à l'amateur de vins de caractère. Au nez, il offre des arômes épicés et fruités qui mettent en valeur la fraise, les cerises noires et la vanille. En bouche, un vin solide avec des fruits qui dominent et un petit goût chocolaté qui rend l'expérience agréable. Le prix est passé sous la barre des 20 dollars après avoir été vendu à près de 24 dollars, c'est le temps d'en profiter, car il s'agit d'une grande maison australienne!

Accord mets et vin

Un bon filet de porc et il sera aussi de mise avec vos BBQ.

Château de Fontenille

19,79 $

Cépage:	**Mélange**
Producteur:	**Ballande et Meneret SAS**
Millésime:	**2005**
Région:	**Bordeaux**
Pays:	**France**
Catégorie:	**Rouge**
Alcool:	**13,5 %**
Dégustation:	**2009/03**
Fermeture:	**Liège**
CUP:	**3448820700088**
Site Internet:	**www.chateau-fontenille.com**

Stéphane Defraine est propriétaire de ce beau vignoble situé dans le bordelais dans l'Entre Deux Mer. Il produit trois vins d'appellation dont un blanc, un clairet et un bordeaux rouge, soit une production totale de près de 300 000 bouteilles. Cette propriété de 35 hectares appartient depuis 1989 à monsieur Defraine qui est d'origine belge et à sa femme qui est autrichienne. La vigne est omniprésente dans cet environnement depuis la fin du 13e siècle.

Notes de dégustation

Quelle belle découverte, un bordeaux à moins de 20 dollars. Un vin dominé à 50 % par le merlot avec 20 % de cabernet franc et 30 % de cabernet sauvignon, nous avons droit à un vin charpenté et assez corsé. Un nez qui se partage des arômes de pruneaux, de cassis et, plus subtilement, de cuir, voire même de poivron vert. Il y a un bel équilibre dans l'utilisation du fût de chêne. Un vin qui mérite d'être carafé une demi-heure avant d'être consommé. Les saveurs de fruits noirs et d'épices se divulguent en bouche. Un vin concentré qui offre une robe couleur de cerise foncée avec des nuances pourpres. La finale est savoureuse pour ce prix.

Accord mets et vin

À savourer à table avec vos viandes grillées. Nous l'avons savouré avec un rôti de bœuf et je dois admettre que je répéterais l'expérience à n'importe quel moment. Il pourra aussi s'harmoniser avec du poulet et certains fromages.

Deen de bortoli vat 8 shiraz

19,99 $

Cépage :	Syrah - shiraz
Producteur :	De Bortoli Wines
Millésime :	2006
Région :	Riverina/New South Wales Victoria
Pays :	Australie
Catégorie :	Rouge
Alcool :	14 %
Dégustation :	2008/09
Fermeture :	Capsule à vis
CUP :	9300752010601
Site Internet :	www.debortoli.com.au

Notes de dégustation

Un vin australien qui n'est pas artificiel. Un shiraz bien élaboré qui dégage de belles notes de fruits juteux. La cerise, la prune sont à l'avant-plan. On y trouve évidemment le poivre noir, mais également du cuir. En bouche, un vin juste assez vanillé, mais surtout expressif avec ses fruits déjà perçus à l'olfaction. Épicé sans être trop envahissant, il est concentré et se fond dans une belle longueur. À découvrir par une belle soirée d'automne ou avec un BBQ.

Accord mets et vin

Agneau, bœuf et mets sur le BBQ lui vont à merveille.

Donnafugata Sedara Nero d'Avola

19,99 $

Cépage:	Nero d'avola
Producteur:	Donnafugata
Millésime:	2006
Région:	Sicile
Pays:	Italie
Catégorie:	Rouge
Alcool:	13,5 %
Dégustation:	2008/11
Fermeture:	Liège
CUP:	8000852002124
Site Internet:	www.donnafugata.it

Notes de dégustation

Il n'y a pas que la mafia qui est célèbre lorsque l'on parle de la Sicile. Le nero d'avola est un cépage vedette de cette île et le Donnafugata Sedara vous en donnera pour votre argent. Un vin élégant, élaboré avec soins par des techniques modernes. Élevé en cuves de ciment pendant neuf mois, après une fermentation courte d'une dizaine de jours afin de préserver le fruit, le vin sera vieilli trois mois en bouteilles avant sa commercialisation. C'est un rouge à la robe rubis et aux reflets grenat. Le un nez est de belle intensité, avec des notes de tabac, d'épices sans oublier une agréable minéralité. En bouche, un bel équilibre suave avec la présence des fruits notamment la cerise et les mûres. À conserver entre deux et trois ans.

Accord mets et vin

Un vin pour les amateurs de fondue chinoise. Il fera aussi un bon accompagnement pour le veau et le porc grillé, les saucisses italiennes et les pâtes sauce à la viande.

Cline Red Truck

19,99 $

Cépage:	**Assemblage de syrah, petite sirah, grenache, mourvèdre et cabernet franc**
Producteur:	**Cline cellars**
Millésime:	**2004**
Région:	**Californie**
Pays:	**États-Unis**
Catégorie:	**Rouge**
Alcool:	**13,5 %**
Dégustation:	**2008/09**
Fermeture:	**Liège**
CUP:	**098652900007**
Site Internet:	**www.redtruckwine.com**

Le Red Truck de Cline Cellars dépasse les belles tactiques de marketing. Fred et Nancy Cline, de la région de Sonoma, ont retenu une œuvre de l'artiste de renom Dennis Ziemienski pour imager l'étiquette de ce vin et lui donner ce nom. Toutefois, c'est plus qu'un bel emballage pour attirer l'attention, car le contenu de la bouteille est aussi intéressant que le contenant.

Notes de dégustation

Il s'agit d'un mélange bien élaboré à partir de la syrah à laquelle on a ajouté la petite sirah, la grenache, la mourvèdre et le cabernet franc. Le vin est d'une belle couleur rouge rubis, aussi belle que le camion. Ce sont des arômes de fruits noirs qui donnent le ton en olfaction avec des mûres, du chocolat et des saveurs de réglisse et de cerises. Le poivre noir termine cette palette gustative avec des tannins soyeux.

Accord mets et vin

Un heureux mariage avec la pizza et les plats tomatés.

Deen De Bortoli Pinot Noir Vat 10

19,99 $

Cépage :	Pinot noir
Producteur :	De Bortoli Wines Pty Ltd
Millésime :	2006
Région :	Arra Valley of Victoria
Pays :	Australie
Catégorie :	Rouge
Alcool :	13,5 %
Dégustation :	2008/09
Fermeture :	Capsule à vis
CUP :	9300752010601
Site Internet :	www.debortoli.com.au

Notes de dégustation

Une belle découverte ce pinot noir de l'Australie. Disons qu'à première vue, j'étais un peu sceptique sur la possible qualité d'un pinot noir au pays des kangourous, mais je me suis ravisé dès le premier contact. Un pinot sous les 20 dollars qui offre une belle complexité et une bonne longueur comme finale. L'expression des fruits, avec la présence de la cerise et des bleuets, est délicate. On y décèle même des notes de pain d'épices. C'est un vin au corps léger qui se prend bien sans autre accompagnement.

Accord mets et vin

Il sera acceptable avec la viande blanche comme la volaille, mais aussi avec du poisson comme le saumon ou la truite.

Mondavi Private Selection Pinot Noir

19,99 $

Cépage :	Pinot noir
Producteur :	Robert Mondavi winery
Millésime :	2006
Région :	Central Coast
Pays :	Etats-Unis
Catégorie :	Rouge
Alcool :	13 %
Dégustation :	2009/01
Fermeture :	Liège
CUP :	86003091931
Site Internet :	www.rmprivateselection.com

Robert Mondavi est décédé à l'âge de 94 ans le 16 mai 2008. Ce Monument de l'industrie du vin en Californie a toutefois laissé derrière lui un héritage colossal. Son empire, dont les bases sont situées à Oakville dans la Vallée de Napa, mérite un détour si vous planifiez un voyage dans cette région. Ce n'est ni plus ni moins un lieu de pèlerinage pour tout amateur de vin.

Notes de dégustation

Le Private Selection Pinot noir de Mondavi provient de la région Central Coast, c'est un beau rouge rubis brillant élaboré d'un mélange dominé à 76 % de pinot noir auquel on a ajouté de la syrah et de petites quantités de mourvèdre, petite syrah et merlot. Il en découle un vin juteux aux arômes de fraises et cerises, avec des notes épicées de menthe et de poivre. Rafraîchissant et souple, ce pinot noir d'intensité moyenne procure aussi beaucoup de plaisir en bouche avec ses saveurs de fruits et sa finale croustillante marquée par des notes épicées. Un achat que je recommande les yeux fermés.

Accord mets et vin

Parfait avec un bon saumon grillé de la Restigouche ou de la Miramichi, il fera également une bonne combinaison avec du poulet rôti aux herbes, du jambon ou encore avec des plats légers avec du porc.

Bodegas Norton Reserva Malbec

20,29 $

Cépage :	Malbec
Producteur :	Bodegas Norton
Millésime :	2005
Région :	Mendoza
Pays :	Argentine
Catégorie :	Rouge
Alcool :	14, 5 %
Dégustation :	2008/12
Fermeture :	Liège
CUP :	7792319678010
Site Internet :	www.norton.com.ar/

Le malbec est un cépage très populaire en Argentine. Pour ceux qui connaissent les vins de la région de Cahors, il s'agit en fait du même cépage que les gens connaissent mieux en France sous le nom de côt noir. Le Norton Reserva 2005 est un vin élaboré avec soin de la région viticole la plus prolifique d'Argentine, au cœur de Mendoza près de la localité de Luján de Cuyo. En effet, les raisins sont sélectionnés à partir de plants de vigne ayant plus d'une trentaine d'années et élevés en moyenne à plus de 900 mètres d'altitude au-dessus du niveau de la mer. Le vin est placé en fût de chêne français avant de continuer son vieillissement dans les bouteilles.

Notes de dégustation

Ce malbec offre une belle teinte d'un rouge violacé foncé et ses arômes de cerises noires sont accompagnés par des notes de cacao et de vanille. En bouche, un vin riche, élégant et soyeux qui exhibe des fruits d'une belle maturité, agréable à savourer en apéritif ou avec des convives à table. À servir entre 17 et 18°C, avant 2010.

Accord mets et vin

Le malbec s'accorde bien avec de l'agneau, de la viande maigre comme le bison, une brochette de porc aux pruneaux et du cerf. Il fera bon ménage avec une multitude de mets à base de bœuf. Si vous voulez faire une petite expérience, faites-en l'essai avec un chocolat noir.

Dogajolo Carpineto Toscana i.g.t.

20,49 $

Cépage :	Sangiovese, cabernet sauvignon
Producteur :	Casa Vinicola Carpineto
Millésime :	2007
Région :	Toscane
Pays :	Italie
Catégorie :	Rouge
Alcool :	13 %
Dégustation :	2008/11
Fermeture :	Liège
CUP :	8003015700530
Site Internet :	www.carpineto.com

Notes de dégustation

La bouteille attire l'œil sur les tablettes avec ses couleurs vives. Le vin est, pour sa part, rouge rubis intense. C'est le nez qui procure, à mon sens, le plus de plaisir avec des arômes de fruits avec la prune qui domine et des effluves de tabac. En bouche, un vin d'une bonne amplitude avec des tannins charnus. À boire avant 2012 et à servir entre 14 et 16°C.

Accord mets et vin

À découvrir avec une lasagne au four aux légumes ou un bon plat de porc à la sauce moutarde.

Mongeard Mugneret La Superbe

20,79 $

Cépage:	Assemblage de pinot noir et gamay
Producteur:	Mongeard Mugneret
Millésime:	2006
Région:	Bourgogne
Pays:	France
Catégorie:	Rouge
Alcool:	12 %
Dégustation:	2009/02
Fermeture:	Bouchon synthétique
CUP:	3576700215060
Site Internet:	www.mongeard.com

Le terroir de Bourgogne est réputé comme étant l'une des meilleures régions de grands vins en France. L'évocation de la région de Vosne Romanée est synonyme de rêve pour bien des amateurs de vins. Le Domaine Mongeards-Mugneret exploite la tradition bourguignonne avec brio depuis 1945 sur un vignoble qui s'étend de la prestigieuse Côte de Nuits à la Côte de Beaune.

Note de dégustation

La Superbe porte bien son nom, un savoureux mélange de deux cépages utilisés judicieusement en Bourgogne, soit le pinot noir et le gamay. La couleur brillante rouge rubis cache un vin qui exprime merveilleusement bien le terroir avec son fruit aux arômes de cerises appuyé par des notes de bonbons et un subtil parfum de violette. En bouche, le vin est souple, fin et s'exprime avec une vitalité impressionnante et une fraîcheur agréable. C'est un vin qui sera idéal avec vos repas.

Accord mets et vin

Pour accompagner le terroir, un bœuf bourguignon constitue la superbe combinaison avec ce vin du même nom. Il fera bon ménage avec du poulet grillé, des tournedos ou encore des terrines. Personnellement, un jambon sauce à la moutarde est une alternative à considérer. Pour les amateurs de vins et fromages, essayez-le avec un brie ou certains camemberts.

Max Reserva Errazuriz

20,79 $

Cépage :	Cabernet sauvignon
Producteur :	Vina Errazuriz
Millésime :	2004
Région :	Aconcagua
Pays :	Chili
Catégorie :	Rouge
Alcool :	14,5 %
Dégustation :	2008/06
Fermeture :	Liège
CUP :	089046777336
Site Internet :	www.errazuriz.com

Notes de dégustation

Un vin qui me séduit par sa structure, mais aussi un des meilleurs cabernet sauvignon à un peu plus de 20 dollars. Un beau bouquet, un velouté en bouche qui fait ressortir un petit goût de chocolat noir.

Accord mets et vin

Pâtes à la sauce bolognaise.

Folie à Deux – Ménage à Trois Red

20,79 $

Cépage :	Assemblage (mélange)
Producteur :	Trinchero
Millésime :	2006
Région :	Californie
Pays :	États-Unis
Catégorie :	Rouge
Alcool :	13,5 %
Dégustation :	2008/11
Fermeture :	Liège
CUP :	099988071096
Site Internet :	www.folieadeux.com

Notes de dégustation

Si vous êtes dans Napa, je vous invite à faire un arrêt chez Folie à Deux, à proximité de la charmante localité de St-Helena. Comme le blanc et le rosé, le Ménage à Trois est issu de trois cépages dans l'assemblage du vin. Le zinfandel, le merlot et le cabernet sauvignon composent ce vin au marketing léché. Le vin est expressif autant à l'olfaction qu'en bouche. Des arômes de fruits confiturés avec la fraise, la framboise et des notes de chocolat. C'est un vin simple, efficace, mais je trouve la note un peu trop salée pour le rapport qualité/prix. Néanmoins, il a le pouvoir de séduire les amateurs de rouge avec ses mûres épicées en bouche. La finale est d'ailleurs légèrement poivrée.

Accord mets et vin

À privilégier avec les viandes grillées et le poulet.

Madiran Torus AOC

20,81 $

Cépage :	Cabernet franc, cabernet sauvignon, tannat
Producteur :	Alain Brumont
Millésime :	2004
Région :	Madiran, Sud-Ouest
Pays :	France
Catégorie :	Rouge
Alcool :	13 %
Dégustation :	2007/11
Fermeture :	Liège
CUP :	3372220030158
Site Internet :	www.brumont.fr

Alain Brumont a redonné au tannat ses lettres de noblesse dans la région du sud-ouest de la France. Ce vigneron passionné est aussi le père des vins les plus recherchés de Madiran, soit le Château Montus et le Château Bouscassé. D'ailleurs, le torus est né au tournant du nouveau millénaire à partir d'une sélection de vigne de moins de 15 ans des terroirs de Montus et Bouscassé.

Notes de dégustation

Élaboré à partir de tannat (50 %), de cabernet sauvignon (25 %) et de cabernet franc (25 %), le Torus étonne. Un vin à la robe rouge foncé presque opaque qui provient du tannat. Le nez exprime les fruits avec la prune en prédominance, tout en ayant un aspect boisé qui n'est pas déplaisant. Un vin qui dégage de l'élégance en bouche avec des tannins solides qui ajoutent à sa structure. Il sera d'ailleurs préférable de savourer le Torus à table avec un bon plat pour vraiment l'apprécier à sa juste valeur. Un vin généreux qu'il faut découvrir.

Accord mets et vin

Bavette à l'échalote, bœuf grillé, magret de canard, chevreuil, côtes d'agneau, fromage Pont-l'Évêque.

Campofiorin Masi Ripasso

🍷🍷🍷🍷 21,99 $

Cépage:	Rondinella, corvina
Producteur:	Masi Agricola SPA
Millésime:	2005
Région:	Vénétie
Pays:	Italie
Catégorie:	Rouge
Alcool:	14 %
Dégustation:	2008/09
Fermeture:	Liège
CUP:	8002062000068
Site Internet:	www.masi.it

Notes de dégustation

Un vin élaboré à partir des cépages corvina et rondinella que l'on retrouve ordinairement avec l'appellation Valpolicella. C'est un vin foncé aux teintes violacées avec un nez caractérisé par des arômes de cerises et de violettes. C'est un vin moyennement corsé par la présence des tannins, donc un potentiel de garde de quelques années, soit au moins jusqu'en 2012. Un vin à boire en mangeant, avec une belle longueur en finale.

Accord mets et vin

Pâtes, volailles, sauces tomates, grillades.

Banfi Centine Toscana IGT

22,49 $

Cépage :	Assemblage de sangiovese, cabernet sauvignon, merlot
Producteur :	Banfi
Millésime :	2006
Région :	Toscane
Pays :	Italie
Catégorie :	Rouge
Alcool :	13 %
Dégustation :	2008/09
Fermeture :	Liège
CUP :	8015674830862
Site Internet :	www.castellobanfi.com

Notes de dégustation

Un vin rouge rubis brillant. C'est un vin italien de la réputée maison Banfi et particulièrement de la merveilleuse région Toscane. Le Banfi Centine est un mélange composé de 60 % de sangiovese, 20 % de cabernet sauvignon et 20 % de merlot. Des arômes de cerises émanent du bouquet de ce Toscan abordable et facile à boire. Des fruits noirs et aussi des notes florales sont présents au nez. Plusieurs vins d'Italie sont des vins à déguster en mangeant, mais celui-ci sera aussi agréable à boire seul. Au palais, un vin bien balancé avec encore la présence de la cerise noire, des prunes et une touche épicée. Ce vin se vend 22 dollars au Nouveau-Brunswick, mais seulement 18 dollars au Québec.

Accord mets et vin

Pour accompagner de plats de pâtes, mais aussi succulent avec du veau ou poulet parmagianna.

Château l'Abbaye de St-Ferme, Les Vignes du Soir

22,79 $

Cépage :	**Assemblage (mélange)**
Producteur :	**Château l'Abbaye de St-Ferme**
Millésime :	**2005**
Région :	**Bordeaux**
Pays :	**France**
Catégorie :	**Rouge**
Alcool :	**13 %**
Dégustation :	**2008/10**
Fermeture :	**Liège**
CUP :	**3284396000791**
Site Internet :	**ND**

Notes de dégustation

Une appellation Bordeaux supérieur qui porte bien son nom. C'est un vin des plus typique de la région bordelaise avec son assemblage de merlot, cabernet sauvignon et cabernet franc. Le millésime 2005 est très recherché par les amateurs et à ce prix, ce vin est une aubaine. D'un rouge profond, le vin exprime des notes de fruits noirs de mûres. Il est aussi végétal, avec une présence de poivron vert à l'olfactif. En bouche, il est concentré, riche, voire même un peu crayeux. Un agréable vin de table. Le 2005 est un peu jeune, il pourra devenir meilleur après 2010.

Accord mets et vin

Je l'ai dégusté avec un bœuf bourguignon et je ne pourrais penser à un meilleur mariage. À découvrir.

JF Lurton Chateau des Erles Ardoises

22,79 $

Cépage :	Assemblage (mélange)
Producteur :	JF Lurton
Millésime :	2004
Région :	Languedoc-Roussillon
Pays :	France
Catégorie :	Rouge
Alcool :	13 %
Dégustation :	2008/09
Fermeture :	Liège
CUP :	635335472019
Site Internet :	www.francoislurton.com

Notes de dégustation

Un mélange de grenache, syrah et carignan signé par JF Lurton. Un vin de Fitou qui passe bien. Un vin confituré qui exprime un bouquet de fruits rouges, dont la fraise et la groseille. Des notes de cuir et en bouche, une belle complexité de saveurs de fruits et d'épices dont une touche de poivre noir. Un vin charnu avec une belle finale.

Accord mets et vin

Bœuf bourguignon, lapin, fromage, la viande rouge et le gibier à poil.

Devois des Agneaux Rouge

22,79 $

Cépage:	Mélange syrah, grenache et mourvèdre.
Producteur:	Elisabeth & Brigitte Jeanjean
Millésime:	2006
Région:	Languedoc Roussillon
Pays:	France
Catégorie:	Rouge
Alcool:	12,5%
Dégustation:	2009/02
Fermeture:	Liège
CUP:	3186127733346
Site Internet:	www.jeanjean.com

Le groupe Jeanjean est présent dans plusieurs régions de France dont le Rhône, la Provence, Bordeaux et aussi le Languedoc-Roussillon avec ce mélange soigneusement élaboré à partir de 75% de syrah, 15% de grenache et 10% de mourvèdre. Ce rouge d'appellation Coteau du Languedoc est issu d'une sélection rigoureuse de vignes de plus d'une quinzaine d'années d'âge.

Notes de dégustation

Les quantités de ce vin étaient malheureusement assez rares au moment d'écrire ces lignes. Il y a toutefois de bonnes chances que ce produit revienne sur les tablettes de notre monopole un jour. Une intensité en couleur avec sa robe rouge aux teintes violacées et surtout un nez puissant d'épices qui embaument des arômes bien marqués de poivre et cannelle. Des notes de violette sont aussi bien senties en olfaction. L'amplitude accentuée par ses tannins veloutés témoigne d'un vin prêt à boire, mais qui pourra tout de même se conserver jusqu'en 2010. Un vin élégant, presque gras, qui prendra toute sa dimension en compagnie d'un bon repas. À servir entre 15 et 17°C.

Accord mets et vin

Vous pourrez le savourer lors d'un vins et fromages avec des pâtes fermes comme du cheddar ou du parmesan. Il sera parfait avec des grillades comme du gibier à plumes, de l'agneau rôti ou avec un filet de bœuf sauce porto.

Bolla Le Poiane Valpolicella

22,99 $

Cépage :	**Mélange corvina, rondinella et autres cépages locaux**
Producteur :	**Fratelli Bolla SPA**
Millésime :	**2005**
Région :	**Vénétie**
Pays :	**Italie**
Catégorie :	**Rouge**
Alcool :	**13,5 %**
Dégustation :	**2009/02**
Fermeture :	**Liège**
CUP :	**8008960187610**
Site Internet :	**www.bolla.com**

Note de dégustation

Un vin d'appellation Valpolicella Classico qui est élaboré à partir de la méthode de passerillage (ripasso) à partir des cépages corvina, rondinella et molinara. Un vin d'une belle couleur grenat foncé qui laisse échapper un bouquet de fruits de cerises, de fraises et de prunes avec des notes poivrées. Un vin qui aura passé à travers trois fermentations et vieillit plus de deux années dans des cuves d'acier inoxydable et des barriques de chêne américains, français et slovaques. Il en résulte, en bouche, un vin agréablement velouté, voire subtilement crémeux et équilibré d'une bonne dose d'acidité et de tannins fermes. Un vin que vous pourrez apprécier après un passage en carafe et servi à une température de 16 à 17°Celsius. Un vin qui est prêt à boire, mais qui sera capable de se conserver jusqu'en 2012.

Accord mets et vin

Les mets grillés ou rôtis feront belle figure avec ce vin d'intensité moyenne à corsé. Du bœuf grillé ou en ragoût, du poulet au citron, des fajitas au bœuf ou du veau pourront s'avérer de bons choix de plats avec ce vin du nord de l'Italie. Certains fromages relevés feront aussi de bonnes combinaisons (Gorgonzola ou Mozzarella fumé).

Château D'Argadens

23,79 $

Cépage :	Mélange 55 % merlot, 45 % cabernet sauvignon
Producteur :	Maison Sichel
Millésime :	2005
Région :	Bordeaux
Pays :	France
Catégorie :	Rouge
Alcool :	14 %
Dégustation :	2009/03
Fermeture :	Liège
CUP :	3394150014848
Site Internet :	www.sichel.fr

La maison Sichel s'est portée acquéreur du Château d'Argadens en 2002 et s'est attardée à un vaste programme de restauration du vignoble avec un objectif avoué de faire accéder ce vin parmi les références dans Bordeaux. Situé à Saint André du Bois, à 60 km au sud de Bordeaux, le vignoble s'étend sur 45 hectares dont 42 en rouge. Il existe d'ailleurs une version en blanc à base de sémillon et de sauvignon. Originalement la propriété se nommait Château Salle d'Arche. Les membres de la famille d'Argadens, des nobles de la paroisse, en étaient propriétaires de 1258 à 1393. C'est en l'honneur de cette famille que la Maison Sichel a rebaptisé le domaine.

Notes de dégustation

Un Bordeaux Supérieur qui porte bien son nom pour une bouteille sous les 25 dollars. Un vin élevé en barrique pendant 12 mois qui est riche et concentré à souhait. Une couleur qui tire sur le rouge grenat avec un nez qui exprime la complexité par des arômes de fruits rouges et de mûres dominés par le chêne. Il démontre également l'équilibre d'un excellent millésime qui pourra se conserver au-delà de 2010. La température de service devrait se situer entre 16 et 18°C.

Accord mets et vin

Un rouge destiné aux viandes rouges. Idéal pour le bœuf grillé, il sera aussi bienvenu avec un gigot d'agneau au pesto de menthe et porto, un jambon braisé sauce madère ou encore, en toute simplicité avec une assiette de charcuterie et des fromages comme un gruyère.

Louis Latour Pinot noir

23,99 $

Cépage :	Pinot noir
Producteur :	Maison Louis Latour
Millésime :	2006
Région :	Bourgogne
Pays :	France
Catégorie :	Rouge
Alcool :	13 %
Dégustation :	2008/12
Fermeture :	Liège
CUP :	026861102974
Site Internet :	www.louislatour.com

Notes de dégustation

Le 2006 est un peu plus léger que le 2005, mais ce pinot noir de Louis Latour est encore une preuve du savoir-faire bourguignon. Le chardonnay commenté dans ce livre est aussi une bonne valeur et ce rouge à la couleur intense de grenat devrait plaire par sa générosité. Ses fruits juteux, son côté légèrement épicé et la touche de ses arômes herbacés flirtent avec le palais. Des saveurs de cerises et de framboises permettent d'apprécier ce vin aux tannins encore un peu verts, mais qui démontrent un beau potentiel. Belle longueur en finale.

Un vin qui sera à son meilleur de 2009 à 2011. À servir entre 15 et 16°C.

Accord mets et vin

Un rôti de dindon au jus, raviolis de pétoncles et crevettes au paprika, bœuf bourguignon, jambon persillé ou poulet rôti.

Loredona Pinot noir

24,79 $

Cépage :	**Pinot noir**
Producteur :	**Loredona Wines**
Millésime :	**2005**
Région :	**Central Coast Californie**
Pays :	**États-Unis**
Catégorie :	**Rouge**
Alcool :	**13,5 %**
Dégustation :	**2008/11**
Fermeture :	**Capsule à vis**
CUP :	**0822420323435**
Site Internet :	**www.loredonawine.com**

Ce vin a été présenté lors du Festivin de Caraquet en 2008. Le pinot noir est devenu, grâce au phénomène cinématographique Sideway, un cépage prisé auprès des consommateurs et les producteurs ont saisi le message. L'encépagement de pinot noir a augmenté de façon significative. Si les meilleurs pinots noirs se retrouvent dans les régions de Santa Barbara et de Russian River Valley, il y a de plus en plus de surprises comme celui de Loredona.

Notes de dégustation

Le vin offre une couleur rubis. Des notes de cerises, de fraises fraîches et de moka ressortent à la phase olfactive. Le palais est conduit par les fruits et appuyé d'une acidité qui assure une belle amplitude à ce vin. On est vite séduit par ses tannins fins, sa fraîcheur qui persiste jusqu'à une finale en longueur.

Accord mets et vin

Bruschetta, brochette de poulet teriyaki, saumon grillé à la sauce tomate, pizza aux tomates séchées.

Kim Crawford Pinot Noir

24,99 $

Cépage :	Pinot noir
Producteur :	Kim Crawford
Millésime :	2006
Région :	Marlborough
Pays :	Nouvelle-Zélande
Catégorie :	Rouge
Alcool :	13,1 %
Dégustation :	2008/03
Fermeture :	Capsule à vis
CUP :	9419227005193
Site Internet :	www.kimcrawfordwines.co.nz

Notes de dégustation

Des fruits noirs et de la cerise en bouche qui s'harmonise avec des tannins délicats, un goût persistant avec du fût de chêne savoureux, le Kim Crawford sauvignon blanc demeure mon préféré. Néanmoins, ce pinot noir demeure dans la lignée des bons vins qui sont élaborés au pays des kiwis !

Accord mets et vin

Idéal avec des pâtes, des viandes rouges et du saumon.

Firesteed Pinot Noir

24,99 $

Cépage :	Pinot noir
Producteur :	Firesteed Corporation
Millésime :	2005
Région :	Orégon
Pays :	États Unis
Catégorie :	Rouge
Alcool :	13,1 %
Dégustation :	2009/08
Fermeture :	Liège
CUP :	753526100005
Site Internet :	www.firesteed.com

L'art de faire un bon pinot noir était jadis l'affaire des Français et particulièrement des producteurs de la Bourgogne. Reconnu comme un cépage difficile à cultiver, il est aujourd'hui de plus en plus répandu à travers le monde et les bons exemples de réussite sont de plus en plus communs dans le Nouveau Monde. La Nouvelle-Zélande, le Canada et les États-Unis figurent parmi les endroits qui démontrent de plus en plus de potentiel. Mes visites dans la Péninsule du Niagara à l'été 2009 et mon séjour dans Sonoma au printemps 2008 m'ont convaincu de cette réalité. Si la Californie m'a étonné avec ses vins de Russian River Valley, un autre état se fait remarquer de plus en plus soit l'Oregon. La découverte du Firesteed Pinot Noir a certainement contribué à accentuer mon affection pour cette région du nord-ouest américain. Si les débuts de Firesteed, en 1993, ont été virtuels avec la philosophie de son propriétaire Howard Rossbach, l'établissement a maintenant un pied à terre depuis 2003 avec l'achat des équipements et de l'édifice appartenant à Flynn Vineyard, en plus d'une entente de location à long terme de la propriété.

Notes de dégustation

Un pinot noir qui a du style et qui démontre une complexité admirable. Les raisins ont été fermentés dans des cuves d'acier inoxydable avec des levures sélectionnées provenant de caves de Bourgogne. Les raisins proviennent de différentes parcelles de régions connues comme Willamette, Umpqua, Rogue et Walla Walla Valley. Un vin caractérisé par une robe rouge rubis et un nez généreux de mûres, de fraises et de vanille. Des saveurs de cerises noires et de moka enveloppent le palais, tout en offrant une longueur appuyée par des tannins soyeux.

Accord mets et vin

Pour savourer avec du canard rôti ou du veau grillé, le Firesteed Pinot Noir est de mise. Comme le propriétaire est aussi un fervent de la Rivière Miramichi, j'ose croire que le saumon est aussi adéquat avec ce vin. Personnellement, j'aime bien boire ce pinot noir en apéritif à une température de 14 à 16°C.

Les vins rouges pour le cellier (plus de 25 dollars)

I Bastoni Chianti Classico DOCG

25,29 $

Cépage :	Sangiovese
Producteur :	Fattoria L Collazzi
Millésime :	2005
Région :	Toscane
Pays :	Italie
Catégorie :	Rouge
Alcool :	13,5 %
Dégustation :	2008/11
Fermeture :	Liège
Site Internet :	www.collazzi.it

Notes de dégustation

Un superbe Chianti classico découvert lors de l'Expo Vin de Moncton. Vieilli en fût de chêne américain et de chêne français, ce Chianti est un vin charpenté, généreux en saveurs. Je ne me souviens pas d'avoir dégusté un aussi bon Chianti. Un nez de tabac, de prunes, de cerises et d'herbe. En bouche, une structure remarquable avec les mêmes saveurs qu'en olfaction. Un coup de cœur de cette année. J'espère le voir sous peu sur les tablettes, car au moment d'écrire ces lignes, il n'en restait tout simplement plus dans la province.

Accord mets et vin

Il a une bonne variété d'accord, que ce soit du carpaccio, du foie, de l'oie, une pizza, une omelette à la tomate ou un osso buco, c'est un bon compagnon de table.

Stoneleigh Pinot Noir

25,29 $

Cépage :	Pinot noir
Producteur :	Pernod Ricard Pacific
Millésime :	2006
Région :	Marlborough
Pays :	Nouvelle-Zélande
Catégorie :	Rouge
Alcool :	13 %
Dégustation :	2007/12
Fermeture :	Capsule à vis
CUP :	9414505967033

Notes de dégustation

Il provient de Marlborough en Nouvelle-Zélande, l'une des régions les plus connues de l'hémisphère sud pour la qualité du sauvignon blanc, mais aussi pour le pinot noir qui provient de son sol. Ce Stoneleigh Pinot noir offre visuellement une robe attrayante rouge rubis dotée d'un bouquet de cerises, de fraises, de prunes et d'épices rôties. En bouche, un vin au palais de fruits à maturité avec des tannins souples qui s'équilibrent à l'ensemble de la structure.

Il pourra se conserver jusqu'en 2011 même s'il est prêt à consommer dès maintenant.

Accord mets et vin

Un vin qui fera le bonheur des amateurs de viandes rouges. Il fera bon ménage avec le canard, l'agneau, le gibier et les plats accompagnés de champignons.

Crozes Hermitage La Matinière

26,48 $

Cépage :	**Syrah**
Producteur :	**Ferraton Père & Fils**
Millésime :	**2006**
Région :	**Rhône**
Pays :	**France**
Catégorie :	**Rouge**
Alcool :	**13,5 %**
Dégustation :	**2008/12**
Fermeture :	**Liège**
CUP :	**3380651030630**
Site Internet :	**www.ferraton.fr**

Jean Ferraton a créé son domaine en 1946 et c'est son fils Michel qui rebaptisa le domaine « Ferraton et fils ». C'est son petit-fils, Samuel Ferraton, qui voit aujourd'hui aux destinées du domaine. Le domaine a prit un nouvel élan en 1998 avec la signature d'un partenariat avec la maison Chapoutier. Ferraton Père & Fils propose aujourd'hui des vins de grande qualité à des prix raisonnables. Implanté dans la région de Saint-Joseph au sud-ouest de Lyon, Ferraton Père & Fils pratique la culture biodynamique.

Notes de dégustation

La Matinière rouge est produite exclusivement à partir de la syrah. Il existe aussi un Hermitage blanc à base de marsanne, mais celui-ci n'était pas encore disponible au Nouveau-Brunswick au moment d'écrire ce livre. Le rouge est d'une teinte foncée donnant sur les cerises mûres. Le nez est également bien présent avec des arômes concentrés de fruits rouges, de cassis et de vanille. Le vin est souple, rond et appuyé par des tanins bien sentis et des fruits rouges comme la cerise et la framboise. Un vin que je suggère à table puisqu'il s'agit d'une structure de vin assez corsé tout en étant quand même élégant. Le Crozes Hermitage La Matinière offre un potentiel de vieillissement de trois à six ans. Un vin qui mérite d'être passé en carafe une heure et servi entre 15 et 16°C.

Accord mets et vin

Ce vin sera parfait avec des viandes grillées ou avec du gibier. Personnellement, je le verrais bien avec un feuilleté de bison et une sauce brune à l'estragon. Notez que les plats de pâtes à base de sauce tomate et certains fromages relevés seront aussi adéquats avec ce vin.

Perrin Vacqueyras Les Christins

26,99 $

Cépage:	Mélange grenache (75%) et syrah (25%)
Producteur:	Domaine Perrin
Millésime:	2007
Région:	Rhône
Pays:	France
Catégorie:	Rouge
Alcool:	14,5%
Dégustation:	2009/01
Fermeture:	Liège
CUP:	631470000247
Site Internet:	www.clubperrin.com

Ce vin d'appellation Vacqueyras est issu d'un terroir de renom dans le sud de la Vallée du Rhône. Les qualités du sol permettent au grenache de s'exprimer avec toute sa richesse tant au niveau aromatique que par sa structure. Provenant d'un vignoble de huit hectares géré par l'équipe de Beaucastel, il est produit à partir de vignes ayant plus de 50 années d'âge moyen.

Notes de dégustation

Une robe rouge foncé avec des reflets violets offrant un bouquet d'une sublime complexité, intense et invitant. Des arômes de fruits noirs, de réglisse, de cyprès et d'épices. En bouche, une puissance et une texture onctueuse qui mettent en valeur des fruits matures et des tannins qui révèlent un excellent potentiel de garde. Le palais est riche, concentré et il fera un bon compagnon à table pour les repas relevés.

Accord mets et vin

Un rouge voluptueux qui accompagnera merveilleusement le bœuf, l'agneau et les préparations à base de truffes noires.

Domaine de Bila-Haut Occultum Lapidem

27,99 $

Cépage :	**Assemblage (mélange)**
Producteur :	**Michel Chapoutier**
Millésime :	**2005**
Région :	**Languedoc Roussillon**
Pays :	**France**
Catégorie :	**Rouge**
Alcool :	**14 %**
Dégustation :	**2008/11**
Fermeture :	**Liège**
CUP :	**3391181390736**
Site Internet :	**www.chapoutier.com**

Notes de dégustation

Michel Chapoutier est un artisan du vin et le sérieux de son travail se retrouve dans la majorité de ses vins. Le Domaine de Bila-Haut Occultum Lapidem est un savoureux mélange de syrah, grenache et cinsault ayant été élevé 50 % en barrique et 50 % en cuve. Un vin attrayant rouge grenat à la robe foncée. Un nez qui offre des fruits rouges matures et des notes épicées. C'est évidemment en bouche que le plaisir atteint son paroxysme. Un vin riche, concentré et joufflu. Les saveurs de café, de réglisse prédominent. Une longue finale et un velouté agréable au palais. Ce vin pourra se conserver jusqu'en 2012.

Accord mets et vin

Les viandes rouges et les gibiers.

Château Hourtin-Ducasse

28,29 $

Cépage :	Mélange cabernet sauvignon, merlot et cabernet franc
Producteur :	Ballande et Meneret SAS
Millésime :	2006
Région :	Bordeaux
Pays :	France
Catégorie :	Rouge
Alcool :	12,5 %
Dégustation :	2009/03
Fermeture :	Liège
CUP :	3448820801716
Site Internet :	www.hourtin-ducasse.com

Notes de dégustation

Bien que ce soit le 2006 qui est disponible présentement, j'ai d'abord dégusté le 2005, un millésime de rêve qui rayonne sur ce vin du Haut Médoc offrant un potentiel de garde des plus intéressant. Situé à Saint-Sauveur, à quelques lieux de la commune de Pauillac, ce rouge à la robe rubis foncé dégage un parfum envoûtant et révélant une belle complexité aromatique. Un nez végétal avec des fruits noirs, mais également des notes de cassis. Avec une forte proportion de cabernet sauvignon (70 %), une bonne dose de merlot (25 %) et une touche de cabernet franc (5 %), ce joli cru bourgeois démontre de la puissance, mais sans altérer sa finesse. Un vin riche en tannins qui offrent un bon potentiel de garde. Les saveurs de fruits noirs et de cèdre se retrouvent au goût avec une finale un peu sèche. Un vin qu'on recommande de servir autour de 17 °C.

Accord mets et vin

Un Haut Médoc qui mérite d'être consommé avec des plats de viandes relevées comme du bison, du canard ou des côtes d'agneau grillées. Un rouge qui fera aussi bonne figure avec le foie gras, des tournedos ou même un fromage Gouda.

JF Lurton Araucano Clos Lolol

29,29 $

Cépage :	**Mélange cabernet sauvignon et carmenère**
Producteur :	**JF Lurton**
Millésime :	**2003**
Région :	**Vallée centrale**
Pays :	**Chili**
Catégorie :	**Rouge**
Alcool :	**13,5 %**
Dégustation :	**2009/03**
Fermeture :	**Liège**
CUP :	**635335676318**
Site Internet :	**www.francoislurton.com**

Les producteurs chiliens sont de plus en plus sensibles à la notion du terroir et s'il y a un nom qui connaît bien cette dimension, celui de Lurton est certainement bien associé à cette philosophie dans l'élaboration de ses vins. Ce mariage de deux cépages de la Vallée de Lolol permet d'obtenir un vin d'une belle complexité. Depuis son arrivée en 1992, les installations chiliennes de Lurton ont su tirer profit de cette terre propice pour le développement de grands rouges.

Notes de dégustation

Un rouge qui, à l'aveugle, pourrait se comparer avec de grandes bouteilles de Bordeaux. L'assemblage de 50 % de cabernet sauvignon et de 50 % de carmenère permet d'obtenir un vin au potentiel prometteur. D'une couleur rouge rubis d'intensité profonde, il est résolument attrayant au nez avec ses fruits noirs et ses arômes un peu floraux, avec des notes de violette et de subtils effluves de cacao et de menthe. C'est un élixir racé au caractère charmeur et d'une bouche qui offre souplesse, élégance et richesse. Les fruits relevés à l'olfaction sont présents avec des saveurs de confitures de mûres et légèrement minérales. La finale est généreuse et pour apprécier davantage le plaisir de ce vin légèrement sous la barre des 30 dollars, une trentaine de minutes en carafe lui permettront d'être meilleur. La température de service suggérée est d'environ 16 à 18°C. Un vin prêt à boire, mais qui pourra se conserver au-delà de 2012.

Accord mets et vin

Les plaisirs de la table se manifesteront en compagnie de viandes d'agneau, de bœuf ou encore avec certains gibiers à plumes grillés avec une sauce au vin ou au porto.

Dolcetto d'Alba
Pio Cesare

29,29 $

Cépage :	Dolcetto
Producteur :	Pio Cesare
Millésime :	2006
Région :	Piémont
Pays :	Italie
Catégorie :	Rouge
Alcool :	13,5 %
Dégustation :	2009/01
Fermeture :	Liège
CUP :	8014629060019
Site Internet : www.piocesare.it	

Pio Cesare fait partie, à mon avis, de l'élite des vins sur la scène internationale, et nous avons la chance d'avoir un vaste éventail de produits sur les tablettes de notre société des alcools au Nouveau-Brunswick. Le Barolo est l'un de mes préférés dans cette gamme. J'ai découvert le Dolcetto d'Alba en début 2009, mais les quantités commençaient à se faire rares dans l'inventaire des magasins de la province. Il est à souhaiter que l'on puisse s'en procurer dans les prochains millésimes.

Notes de dégustation

Un vin d'intensité moyenne à puissante, ayant une robe rouge rubis aux teintes cerises. Le bouquet est soutenu par des arômes de fraises, de fruits pulpeux et d'une délicate touche de poivre. Élaboré à 100 % à partir du cépage dolcetto, ce rouge sec démontre une belle rondeur et du fruit à profusion avec des mûres, des cerises noires et une touche de réglisse. Un vin avec une bonne persistance en finale, un peu râpeux, mais assurément qui sera à son meilleur en accompagnement d'un repas.

Accord mets et vin

Un vin qui s'harmonisera avec des ailes de poulet, une brochette de bœuf, du jambon ou encore avec des œufs brouillés au jambon et champignons. Des moules à l'italienne, de la pizza ou des tapas sont aussi des combinaisons attrayantes avec ce piémontais.

Tolaini al Passo

29,99 $

Cépage :	Assemblage (mélange)
Producteur :	Tolaini SRL
Millésime :	2004
Région :	Toscane
Pays :	Italie
Catégorie :	Rouge
Alcool :	13,5 %
Dégustation :	2008/11
Fermeture :	Liège
CUP :	8032853380086
Site Internet :	www.tolaini.it

Notes de dégustation

Une nouveauté chez Alcool NB Liquor en novembre, un assemblage de sangiovese et de merlot qui offre de belles qualités. Un vin mûr, aux tannins solides, avec des arômes de prunes et cerises. Les épices lui donnent une personnalité appréciée. En bouche, les propriétés olfactives sont similaires dans les saveurs.

Accord mets et vin

Viandes rouges et pâtes avec sauce à la viande.

Ardhuy Les Combottes

30,02 $

Cépage :	Pinot noir
Producteur :	Domaine Ardhuy
Millésime :	2004
Région :	Bourgogne
Pays :	France
Catégorie :	Rouge
Alcool :	13 %
Dégustation :	2009/02
Fermeture :	Liège
CUP :	376011143815
Site Internet :	www.ardhuy.com

Après avoir fait la découverte de ce Domaine par le biais de son vin le plus abordable disponible au Nouveau-Brunswick, La Cabotte, j'ai eu le plaisir de découvrir ce fameux pinot noir Les Combottes en début d'année. Sans savoir si ce vin a des chances de se retrouver dans le répertoire d'Alcool NB Liquor, je me risque à vous présenter ce joli vin d'appellation Côtes de Beaune Village.

Notes de dégustation

Se signalant pas sa robe rouge cerise, au nez cajoleur d'arômes de fruits cuits, d'épices et de compote de mûres, ce pinot noir est un plaisir pour les sens. Une belle intensité aromatique où l'on pourra découvrir des notes herbacées. Il est aussi distingué en bouche avec de douces saveurs de cerises, de fraises, de cuir et d'épices. Un Bourgogne expressif ayant de la complexité et de l'élégance. La finale est d'une bonne longueur pour ce vin d'intensité moyenne.

Accord mets et vin

Un pinot noir qui complémentera merveilleusement le poulet, les plats de pâtes, certains fromages relevés et la viande grillée. Un sublime vin pour ceux qui adorent prendre le temps de savourer un bon repas en présence d'une bouteille bien choisie.

Deloach Russian River Zinfandel

30,61 $

Cépage :	Zinfandel
Producteur :	Deloach Estate
Millésime :	2004
Région :	Russian River Valley, Sonoma, Californie
Pays :	États-Unis
Catégorie :	Rouge
Alcool :	14,2 %
Dégustation :	2008/08
Fermeture :	Liège
CUP :	016697000124
Site Internet :	www.deloachvineyards.com

Notes de dégustation

Un zin comme je l'aime. Russian River Valley est appelé la Bourgogne d'Amérique et ce vin est certes, une belle réussite avec son nez anis et cannelle qui mettent aussi en relief les arômes de mûres. Les fruits noirs sont aussi bien présents en bouche sans trop saturer le palais. Des tannins souples et des notes d'épices caractérisent aussi ce vin de Sonoma.

Accord mets et vin

De l'agneau avec poivre noir et olives ou encore un osso buco avec tomates et herbes.

Sokol Blosser Meditrina

31,29 $

Cépage :	Assemblage (mélange)
Producteur :	Sokol Blosser Winery
Millésime :	2005
Région :	Oregon
Pays :	États-Unis
Catégorie :	Rouge
Alcool :	13,5 %
Dégustation :	2008/08
Fermeture :	Liège
CUP :	088473316514
Site Internet :	www.meditrinawine.com

Notes de dégustation

Un autre beau produit de la gamme Sokol de l'Oregon. Je préfère toutefois le blanc au rouge. Mais ne vous y méprenez pas, c'est tout de même un vin intéressant pour son assemblage des cépages zinfandel, syrah et pinot noir. Un goût fruité de baies avec des épices et de beaux tannins structurés. Un vin doux, le prix un peu moins. Son bouquet floral et un peu terreux est particulier.

Accord mets et vin

À savourer avec des plats de pâtes légers.

Château Les Grands Maréchaux Premières Cotes de Blaye

31,79 $

Cépage:	Assemblage (mélange)
Producteur:	SCEA Du Château Les Maréchaux
Millésime:	2005
Région:	Bordeaux
Pays:	France
Catégorie:	Rouge
Alcool:	13 %
Dégustation:	2008/10
Fermeture:	Liège
CUP:	3284396006557
Site Internet:	www.chateaumarechaux.com

Notes de dégustation

Bordeaux 2005, la course aux vins de ce millésime est bien amorcée sur les marchés. Une aubaine qui vient en tête de liste est ce mélange typiquement bordelais, le Château Les Grands Maréchaux qui est médaillé d'or du concours régional des vins d'Aquitaine 2007. Ce premièr Côtes de Blaye n'est pas encore à son plein potentiel, il est un peu vert. Au nez, on se laisse imaginer ce qu'il va devenir dans deux ou trois ans. Les fruits noirs, le café et une minéralité subtile sont facilement perceptibles en olfaction. Il a aussi un petit côté animal. En bouche, un vin au corps moyen à corsé offre la richesse des fruits, avec des tannins bien présents qui vont s'assouplir en vieillissant un peu plus. La finale offre une bonne minéralité, un vin à boire avec un repas.

Accord mets et vin

À savourer avec des viandes rôties ou des fromages comme le Comté ou un chèvre sec.

Clos De Los Siete

33,79 $

Cépage:	Assemblage
Producteur:	Michel Rolland
Millésime:	2004
Région:	Mendoza
Pays:	Argentine
Catégorie:	Rouge
Alcool:	15 %
Dégustation:	2008/11
Fermeture:	Liège
CUP:	7798104410179
Site Internet:	www.michelrolland.com

Ce vin est le fruit du travail de l'œnologue français et conseiller en vinification, Michel Rolland et six autres partenaires d'où le nom Clos des septs. Rolland, qui est consultant pour plus d'une centaine de vignobles dans le monde, porte le titre de flying winemaker. L'expérience des sept en Argentine, dans la région de Mendoza, est le prélude à la naissance d'un grand vin. 2003 fut le premier millésime à être commercialisé. Ce n'est qu'avec le 2004 que j'ai cependant été en mesure de constater moi-même à quel point ce vin est voué à un bel avenir. J'avais acheté trois bouteilles du millésime 2004 et ma première expérience m'avait laissé perplexe puisque ce vin avait à peine deux ans lorsque je l'ai goûté, il était puissant et trop vert pour que je puisse l'apprécier pleinement. Ma plus récente expérience a été bien différente, à la fin 2008, lorsque j'ai décidé de le servir lors d'un repas avec un succulent magret de canard. Achetez le 2005, il est encore plus prometteur que le 2004, et ayez la patience de le conserver pour en profiter après 2009.

Notes de dégustation

Le 2004 est élaboré de 50 % malbec, 30 % merlot, avec le reste divisé équitablement entre le cabernet et la syrah. Un vin doté d'une robe foncée rouge violacé et qui offre en olfaction des arômes de fruits noirs avec dominance des mûres et aussi de la prune.

On y retrouve des notes épicées dont la présence de poivre noir. En bouche, c'est un vin solide, sec et corsé à prime à bord, mais la finesse s'installe avec délicatesse dans le palais en révélant ses charmes de fruits matures et de saveurs de vanille. Un beau vin ample qui offre une finale en longueur et qui va plaire à bien des amateurs de grands vins de Bordeaux. Un joyau sous la bannière des vins d'Argentine avec 15% d'alcool, c'est du solide!

Accord mets et vin

Idéal avec des viandes grillées dont le veau et le porc. À découvrir avec un magret de canard sauce aux pommes cuites ou encore de l'oie ou la pintade.

Gabriel Liogier – Châteauneuf-du-Pape Montjoie 34,48 $

Cépage :	**Assemblage (mélange) syrah – shiraz, grenache, mourvèdre, cinsault**
Producteur :	**Gabriel Liogier**
Millésime :	**2003**
Région :	**Rhône**
Pays :	**France**
Catégorie :	**Rouge**
Alcool :	**15,5%**
Dégustation :	**2008/08**
Fermeture :	**Liège**
CUP :	**3193411591018**

Notes de dégustation

N'étant pas un amateur de Châteauneuf-du-Pape à cause du prix souvent trop élevé, je dois dire que cette bouteille reçue en cadeau m'a quand même satisfait lors d'une fondue. Un vin au fruit très cherry, avec des arômes de tabac et des épices un peu poivrées provenant du syrah. Un nez qui ma foi est assez complexe. Avec ses 15,5% d'alcool, c'est un peu trop sirupeux à mon goût, mais je suis certain que cela va plaire aux amateurs de vins costauds.

Je crois aussi que la baisse récente du prix donnera une meilleure chance au vin de retenir l'attention des adeptes de l'appellation Châteauneuf-du-Pape à travers la province.

Accord mets et vin

À déguster avec des viandes en sauce et notamment le gibier après quelques années de vieillissement. Parfait pour les amateurs de fondue chinoise. Bon aussi avec les fromages produits à partir du lait de vache.

Château de la Rivière

35,78 $

Cépage:	Assemblage (mélange)
Producteur:	Vignobles Grégoire
Millésime:	2003
Région:	Bordeaux
Pays:	France
Catégorie:	Rouge
Alcool:	13 %
Dégustation:	2008/11
Fermeture:	Liège
CUP:	714153016732
Site Internet:	www.vignobles-gregoire.com

Notes de dégustation

Le Château de la Rivière est la plus vaste propriété d'appellation Fronsac avec plus de 50 hectares. Un sublime château de style seigneurial qui domine à flanc de coteau les rives de la Dordogne. Le vin a refait son apparition au Nouveau-Brunswick et j'ai eu la chance de le déguster. J'ai à ce point été séduit que je n'ai pu résister à la tentation d'en acheter quelques bouteilles. Un Fronsac élaboré avec merlot, cabernet sauvignon et cabernet franc avec une robe noire profonde. Le nez est caractérisé par la prune, la cerise, un peu animal et des notes fumées provenant du fût de chêne. En bouche, un vin plaisir qui offre une concentration modérée, un vin charnu aux tannins riches.

Accord mets et vin

Il accompagnera bien la viande rouge, le confit, le cassoulet, les champignons.

St Francis Old Vines Zinfandel

35,78 $

Cépage :	Zinfandel et petite sirah
Producteur :	St Francis Winery & Vineyards
Millésime :	2005
Région :	Californie
Pays :	Etats-Unis
Catégorie :	Rouge
Alcool :	15,5 %
Dégustation :	2009/03
Fermeture :	Liège
CUP :	088534001434
Site Internet :	www.stfranciswinery.com

Sonoma a vécu pendant plusieurs années dans l'ombre de Napa Valley, mais je dois ajouter qu'après avoir passé un séjour dans les deux régions au printemps 2008, les producteurs de Sonoma n'ont pas à rougir de la qualité des vins qui sont produits dans cette magnifique région. Le vignoble de St-Francis est situé entre Kenwood et Santa Rosa et son centre des visiteurs, avec un style Mission, témoigne d'un souci du détail qui a été façonné par plus de trente ans d'expérience dans la culture de la vigne et l'élaboration de vins de qualité.

Notes de dégustation

Ce Zin, élaboré à partir des raisins de vieilles vignes du vignoble ayant entre 50 et 100 ans d'âge, est d'une intensité épicurienne qui éveille l'odorat avec ses arômes riches de mûres, chocolat, réglisse et cerises. Un vin de couleur rouge violacé profond, de concentration remarquable, offrant des fruits à profusion et des saveurs d'épices et de vanille qui culminent sur une longue finale. Ce vin a été élevé en fût de chêne américain entre 12 et 15 mois. Avec 15,5% d'alcool, disons que c'est une belle intrigue de retrouver un résultat aussi velouté. Une infime quantité de petite syrah se retrouve dans l'élaboration du vin.

Accord mets et vin

Un agréable rouge qui se prendra en apéritif. Avec une brochette de bœuf, de la dinde, du gibier ou encore un steak au poivre, ce beau zinfandel sera aussi à la hauteur. Pour les personnes qui aiment les petites douceurs, je suggère de le consommer avec vos desserts au chocolat. Une mousse au chocolat sera tout simplement divine comme combinaison.

Chateauneuf-du-Pape Le Parvis

35,99 $

Cépage :	Mélange
Producteur :	Ferraton Pere & Fils
Millésime :	2004
Région :	Côte du Rhône
Pays :	France
Catégorie :	Rouge
Alcool :	14 %
Dégustation :	2009/02
Fermeture :	Liège
CUP :	3380651010434
Site Internet :	www.ferraton.fr

Notes de dégustation

Le faible rendement du millésime 2004 a contribué en grande partie à l'excellente qualité des Châteauneuf-du-Pape de cette année. Ferraton Père et Fils, qui est maintenant sous l'aile de Michel Chapoutier, produit ce Chateauneuf-du-Pape Le Parvis, un vin qui étonne par son attaque en bouche. Expressif en arômes et saveurs avec sa dominance en grenache, le vin est doté d'une belle acidité et des tannins fins. Il y a une certaine quantité de syrah et mourvèdre, ce qui ajoute aussi à sa structure et sa vivacité en bouche. Un vin qui était encore disponible en réserve au moment d'écrire ces lignes, et à 10 dollars moins cher qu'au moment où je l'avais acheté.

Accord mets et vin

Ce vin d'appellation Chateauneuf-du-Pape sera bienvenu avec de l'agneau, des fromages comme le brie, le camembert ou le fromage de brebis. Parfait aussi avec la dinde rôtie à l'Action de Grâce ou du Nouvel An, un filet mignon de porc au poivre, un poulet à la bière ou un bon steak ou poivre.

Banfi Chianti Classico Reserva

36,29 $

Cépage :	**Sangiovese**
Producteur :	**Banfi Vintners**
Millésime :	**2003**
Région :	**Toscane**
Pays :	**Italie**
Catégorie :	**Rouge**
Alcool :	**13**
Dégustation :	**2008/12**
Fermeture :	**Bouchon de liège**
CUP :	**8015674730568**
Site Internet :	**www.castellobanfi.com**

On assiste à une approche plus moderne dans l'élaboration de ce vin, dont les traditions sont parmi les plus anciennes d'Italie. J'ai apprécié le vin de cette maison réputée, mais le Chianti Pepolli et le Chianti Colazzi tous deux commenté dans ce livre, sont, à mon humble avis, tout aussi bons avec un prix plus abordable. Ce sera à vous d'en juger.

Notes de dégustation

Un vin rubis avec des teintes grenat dont les arômes de cerises émanent dès le premier contact olfactif. Par la suite, c'est le cuir de la selle de cheval qui ressort avec des notes d'herbe séchée. Il en résulte un goût de cerises en bouche, suivi du cuir et des épices d'Orient. La finale est somme toute assez persistante avec un soutien d'acidité et des tannins fermes. Au moment d'écrire ces lignes, le millésime 2004 était sur les tablettes d'Alcool NB Liquor (consultez le moteur de recherche du site Internet de ANBL pour voir la disponibilité).

Accord mets et vin

Il fera bonne route avec plusieurs mets de pâtes à l'italienne. Une brochette de bœuf, des côtes levées BBQ, des côtelettes de porc en grillades seront aussi de bonnes combinaisons. Du jambon, un magret de canard et même une pizza peuvent s'accorder avec ce Chianti. Il pourra enfin accompagner des fromages comme un camembert ou un gouda.

Château des Pélerins

37,49 $

Cépage :	Assemblage (mélange), merlot, cabernet franc, cabernet sauvignon
Producteur :	Josette et Norbert Egreteau
Millésime :	2006
Région :	Bordeaux
Pays :	France
Catégorie :	Rouge
Alcool :	13,5 %
Dégustation :	2008/11
Fermeture :	Liège
CUP :	3305166601236
Site Internet :	www.robertgiraud.com

Notes de dégustation

Un pomerol que j'ai dégusté à l'Expo vins de Moncton. Le millésime 2006 m'a étonné et séduit. Un mélange bordelais de 80 % merlot, et de 10 % cabernet franc et 10 % cabernet sauvignon. Un nez intense de fruits, de chocolat, de vanille et de craie. En bouche, un vin gouleyant, velouté, qui offre une belle rondeur au palais. Une fin de bouche en longueur avec des notes vanillées.

Accord mets et vin

Côte de bœuf, entrecôte grillée, gibier à plumes grillé.

Château Martinat Epicurea

37,78 $

Cépage :	Mélange merlot (80 %) et malbec (20 %)
Producteur :	Salin
Millésime :	2005
Région :	Bordeaux
Pays :	France
Catégorie :	Rouge
Alcool :	14,5 %
Dégustation :	2009/02
Fermeture :	Liège
CUP :	3284396006533
Site Internet :	www.chateaumartinat.com

2005 est un millésime d'exception dans le bordeaux et ce vin d'appellation Côtes de Bourg est un parfait exemple de la richesse des vins qui peuvent se retrouver sur le marché et qui demeurent accessibles aux consommateurs contrairement à certains Grands Crus qui se vendent à des prix astronomiques.

Notes de dégustation

Epicurea est un vin plaisir avec une robe rouge profonde violacée. On dirait de l'encre tellement il est foncé et lorsque vous le placez devant la lumière, il est quasiment opaque. Ce 2005 est doté d'un bouquet aguichant de cerises noires, de cassis et surtout dominé par un caractère fumé avec des notes épicées. Un vin concentré, une bouche pleine et généreuse de fruits mûrs et des tannins veloutés. Le mélange est à prédominance de merlot à 80% et complété par du malbec à 20%, le tout élaboré à partir de raisins sélectionnés des vieilles vignes du domaine. L'attaque est explosive, mais je dois avouer que la finale même est plus courte que je ne l'avais anticipée. C'est un vin pour le cellier et son potentiel de garde est certainement autour d'une dizaine d'années pour ce millésime. À servir à 16°C.

Accord mets et vin

Un vin que je préfère en apéritif, mais qui pourra complémenter un repas de brochettes, il sera d'ailleurs savoureux avec les shish-kebabs ou du gibier à poil (chevreuil, orignal, bison, etc.). Les amateurs de grillades vont aussi l'apprécier en raison de ses arômes fumés, un vin qui sera idéal avec les saucissons. Certains fromages à pâtes cuites seront aussi agréables en sa compagnie.

Château des Erles Recaoufa

39,29 $

Cépage :	Mélange de grenache - carignan - syrah
Producteur :	JF Lurton
Millésime :	2004
Région :	Languedoc Roussillon
Pays :	France
Catégorie :	Rouge
Alcool :	13,5 %
Dégustation :	2009/02
Fermeture :	Liège
CUP :	635335210369
Site Internet :	www.domainesfrancoislurton.com

Notes de dégustation

JF Lurton signe ce magnifique vin de Corbière concentré à souhait. Un trio de cépages en harmonie qui révèle la typicité de ces raisins du Languedoc. Un vin habillé d'une belle couleur grenat de bonne intensité et dont le nez complexe offre de beaux arômes de fruits rouges, de chocolat et des épices envoûtants. La finesse de ce vin se traduit également par beaucoup de matière, une structure solide en raison de ses tannins à maturité. Un vin plaisir qui culmine avec des saveurs de fruits comme les mûres, les cerises noires, la groseille et du cassis. Une touche de vanille complète l'enrobage de ce vin qui est aussi appuyé d'épices d'une certaine intensité. Un vin qui a un potentiel de garde de cinq à sept ans et qu'il est préférable de servir à une température de 16 à 18°C.

Accord mets et vin

Un vin que j'éprouve plaisir à déguster seul, mais qui s'harmonisera avec une multitude de mets. Une minestrone en entrée ou encore avec des mets plus relevés comme un osso buco, un rôti de bœuf ou un carré d'agneau farci aux olives et romarin seront notamment de bons choix.

Château Richet, Margaux

39,78 $

Cépage :	Assemblage (mélange)
Producteur :	Robert Giraud et Fils
Millésime :	2006
Région :	Bordeaux
Pays :	France
Catégorie :	Rouge
Alcool :	13,5 %
Dégustation :	2008/11
Fermeture :	Liège
CUP :	3305167901267

Notes de dégustation

Le seul nom de Margaux possède un évident pouvoir de séduction pour l'amateur de vin ayant un bon bagage de connaissance. Ce Margaux, à moins de 40 dollars, représente un bon rapport qualité/prix. Un vin dégusté à l'Expo vins de Moncton et qui saura plaire aux inconditionnels de vins rouges de Bordeaux. Un mélange de 70 % de cabernet sauvignon et 30 % merlot. Un vin à la robe foncé cramoisie et dont le nez évocateur de fruits sauvages fait ressortir la fraise et les bleuets en olfaction. On y distingue aussi des notes de chocolat et d'épices. En bouche, les tannins peuvent s'arrondir avec le temps. Je l'ai trouvé un peu vert, mais il possède un potentiel certain. Une belle longueur en bouche avec un beau palais fruité et velouté.

Accord mets et vin

Parfait pour la viande grillée et les fromages relevés.

Batasiolo Barolo DOCG

40,48 $

Cépage :	Nebbiolo
Producteur :	Batasiolo S.P.A
Millésime :	2003
Région :	Piémont
Pays :	Italie
Catégorie :	Rouge
Alcool :	14 %
Dégustation :	2008/09
Fermeture :	Liège
CUP :	632738100013
Site Internet :	www.batasiolo.com

Notes de dégustation

Un vin d'une belle élégance. Un barolo sous les 40 dollars qui se boit bien et qui procure le plaisir de savourer de la matière qui, en bouche, malgré une bonne dose de tannin, finit par nous révéler son petit côté velouté. Un nez intense qui laisse le fruit s'exprimer à travers des épices savoureuses. La fraise et la framboise sont en évidence à l'olfaction.

Accord mets et vin

Le bœuf braisé s'avère un bon compagnon, de l'agneau et un osso buco vont aussi de pair avec ce vin.

Château Lamothe Cuvée Valentine

40,99 $

Cépage :	Assemblage
Producteur :	Les caves du Château Lamothe
Millésime :	2005
Région :	Bordeaux
Pays :	France
Catégorie :	Rouge
Alcool :	13,5 %
Dégustation :	2008/11
Fermeture :	Liège
CUP :	3539301000114
Site Internet :	www.chateau-lamothe.com

Notes de dégustation

Cette cuvée n'est élaborée que les années qui sont dignes de la petite fille des propriétaires. Valentine, lui a donné son nom en 2000, elle n'existe donc que les années exceptionnelles. Disponible lors de l'Expo Vins de Moncton, il sera prêt en 2010 et pourra se conserver plus d'une quinzaine d'années. C'est un vin aux beaux fruits avec un boisé délicat. Un vin charnu, puissant avec des tannins mûrs. Il s'agit d'un mélange de merlot (60 %), cabernet sauvignon (30 %) et cabernet franc (10 %).

Accord mets et vin

Un vin à savourer avec du gibier et fromages à pâte molle à saveur forte.

Calera Central Coast Pinot Noir

41,29 $

Cépage :	Pinot noir
Producteur :	Calera Wine Company
Millésime :	2004
Région :	Californie
Pays :	États-Unis
Catégorie :	Rouge
Alcool :	14,4 %
Dégustation :	2008/08
Fermeture :	Liège
CUP :	745067960644
Site Internet :	www.calerawine.com

Notes de dégustation

Difficile de résister à ce pinot noir racé. Un taux élevé d'alcool, mais son goût et sa longueur en bouche vont séduire à coup sûr. La vanille est bien présente sans être trop dominante donc un juste équilibre avec ses fruits duquel des tannins moyens émergent avec une bonne acidité. Je l'ai savouré entre amis avec un excellent saumon accompagné d'une sauce au jus de légumes.

Accord mets et vin

Viandes maigres sur le BBQ, mets à base de sauce marinara, saumon avec jus de légumes.

Banfi Mandrielle Merlot

42,48 $

Cépage :	Merlot
Producteur :	Banfi Vintners
Millésime :	2004
Région :	Toscane
Pays :	Italie
Catégorie :	Rouge
Alcool :	13,5 %
Dégustation :	2009/03
Fermeture :	Liège
CUP :	8015674440665
Site Internet :	www.castellobanfi.com

Le Domaine de plus de 7000 acres de Castello Banfi apporte à la région toscane de Montalcino une renommée qui rayonne sur la scène internationale du vin. Les 43 acres consacrées au merlot Mandrielle démontrent le savoir-faire de cette grande maison dans l'élaboration de vins qui offre une qualité constante. Comme vous le verrez aussi dans ce guide, il y a d'autres bons produits de cette maison dont le Centine Banfi Toscana i.g.t.

Notes de dégustation

Après un élevage de plus de douze mois en barrique de chêne français et un autre six mois en bouteille, le Banfi Mandrielle Merlot révèle de sublimes qualités gustatives et olfactives. Des arômes de cassis, de cerises et d'amandes s'offrent au nez avec des notes de cacao et d'épices. D'une belle complexité, il est appuyé par des tanins fermes en bouche et des saveurs de chêne, vanille et chocolat qui rehaussent le côté rafraîchissant de ce solide toscan. Un vin à servir à une température de 16 à 18°C.

Accord mets et vin

Un agréable vin avec la volaille, les pâtes italiennes, le veau et les viandes rouges en général. Ce n'est pas souvent que je me laisse aller à siroter un vin rouge italien sans nourriture, donc un beau vin en apéritif.

Badia a. Passignano Riserva Chianti Classico

44,99 $

Cépage :	Sangiovese
Producteur :	Marchese Antinori S.R.L
Millésime :	2003
Région :	Toscane
Pays :	Italie
Catégorie :	Rouge
Alcool :	13,5 %
Dégustation :	2009/02
Fermeture :	Liège
CUP :	8001935064503
Site Internet :	www.antinori.it

La propriété Badia Passignano a été achetée en 1987 par Antinori. L'abbaye, qui fut jadis la maison des fondateurs de l'Ordre Vallombrosano, appartient encore aux moines, même si la Maison Antinori se sert du merveilleux cellier de ce bâtiment. Sans avoir la certitude de la date exacte à laquelle remonte la fondation du monastère, certaines indications font référence à l'an 395.

Notes de dégustation

Ce magnifique Chianti Classico fera bonne impression pour ceux qui cherchent un vin corsé aux tannins charnus élaboré à partir du sangiovese, un cépage de renom en Italie. Une splendide couleur grenat sombre qui s'ouvre sur des arômes affriolants de réglisse, de pruneaux confits et de fruits noirs. Le plaisir gustatif est au rendez-vous avec ce vin d'Antinori qui se présente avec une texture subtilement grasse qui s'exprime par une acidité bien dosée et rafraîchissante à souhait. Des saveurs de noisettes grillées se distinguent en bouche. Un vin prêt à consommer et qui pourra se conserver jusqu'en 2013. À servir entre 16 et 18°C pour l'apprécier pleinement.

Accord mets et vin

Pour vos plats de gibier, c'est un vin qui s'illustre parfaitement. Du chevreuil en sauce, du canard rôti ou un filet de bœuf, c'est un compagnon hors pair. C'est un bon vin avec les mets italiens et certains plus audacieux le consommeront avec une minestrone.

Osoyoos Larose – Le Grand Vin

44,99 $

Cépage :	Mélange merlot/cabernet sauvignon/cabernet franc
Producteur :	Osoyoos Larose Vincor International
Millésime :	2005
Région :	Okanagan Valley
Pays :	Canada
Catégorie :	Rouge
Alcool :	13,9 %
Dégustation :	2009/01
Fermeture :	Liège
CUP :	871610001554
Site Internet :	www.vincorinternational.com

Il y a trois vins rouges canadiens qui m'ont littéralement impressionné par leur qualité et l'Osoyoos Larose est l'un de ces petits joyaux du monde viticole canadien (les autres étant l'Oculus et le Clos Jordanne). La Vallée d'Okanagan démontre de plus en plus qu'elle a le savoir-faire pour élaborer des vins d'une qualité capable de rivaliser avec les meilleurs producteurs à travers le monde. Le vignoble est le fruit d'un partenariat entre le groupe Taillan de Bordeaux et Vincor International de l'Ontario depuis 1998. L'objectif était de produire un vin qui se rapproche des standards de qualité de Bordeaux, sinon de les surpasser ! Le premier millésime du Grand Vin a été le 2001 et, depuis 2007, un second vin a été lancé, les Pétales d'Osoyoos du millésime 2004 avec une production de 21 000 bouteilles vendues.

Notes de dégustation

Le Grand Vin d'Okanagan Valley arbore une jolie couleur grenat foncé avec un nez en finesse. Élevé exclusivement en fût de chêne français, l'Osoyoos Larose est caractérisé par de beaux de fruits noirs, de sauge des bois et de groseilles en olfaction avec des notes chocolatées. En bouche, un vin riche et velouté, vanillé et concentré qui met en valeur des tannins matures et qui culmine dans une finale généreuse. Un vin inspiré de la méthode bordelaise qui offre un beau potentiel de garde. Le 2005 est prêt à boire avec un passage de 30 à 45 minutes en carafe, mais vous pourrez également le conserver jusqu'en 2015.

Accord mets et vin

Un magret de canard, de l'agneau braisé avec une sauce au vin rouge ou encore de l'oie avec une sauce au champignon pourront faire bonne impression avec ce joyau de la Vallée d'Okanagan.

Collazzi Toscana IGT

48,99 $

Cépage :	Assemblage (mélange)
Producteur :	Fattoria L Collazzi Societa Seplice
Millésime :	2005
Région :	Toscane
Pays :	Italie
Catégorie :	Rouge
Alcool :	13,5 %
Dégustation :	2008/11
Fermeture :	Liège
CUP :	8007425050452
Site Internet :	www.collazzi.com

Notes de dégustation

Un toscan réellement super! Un vin aux méthodes bordelaises d'assemblage soit 60 % de cabernet sauvignon, 30 % merlot et 10 % cabernet franc. Lors de mon passage à l'Expo Vins de Moncton, je me suis délecté de ce vin à la couleur rouge cerise, d'une belle robe sombre. Au nez, un vin séducteur avec son caractère fort de fruits (bleuet) avec de subtiles notes de vanille. En bouche, un vin velouté avec des saveurs de mûtes sauvages, de cerises et de réglisse. Un vin charnu qui s'étire en bouche. Il est prêt à boire, mais pourra se conserver jusqu'en 2014.

Accord mets et vin

Nombreux plats de viandes et de pâtes accompagnées de sauce à base de tomates.

Santa Rita Casa Real

54,79 $

Cépage :	Cabernet sauvignon
Producteur :	Sociedad Anonima Vina Santa Rita
Millésime :	2001
Région :	Vallée Maipo
Pays :	Chili
Catégorie :	Rouge
Alcool :	14,5 %
Dégustation :	2009/02
Fermeture :	Liège
CUP :	089419007169
Site Internet :	www.santarita.com

Plusieurs connaisseurs s'entendent pour dire que la nouvelle vague des vins qui attire les consommateurs vient de plus en plus des pays sud-américains avec l'Argentine, l'Uruguay et le Chili. Pendant de nombreuses années, les consommateurs se sont laissé séduire par l'Australie mais force est d'admettre que l'amélioration des produits du Chili renverse de plus en plus la tendance. Le réputé magazine Wine Spectator a sélectionné un vin chilien en tête de son palmarès annuel des 100 meilleurs vins en 2008 et lorsque vous aurez goûté à un produit haut de gamme comme ce Santa Rita Casa Real, vous serez à même de juger du potentiel du Chili.

Notes de dégustation

Un cabernet sauvignon de couleur rubis foncé au nez envoûtant d'arômes de bleuets, de cerises, de cuir et de fleurs, dont la violette qui m'a particulièrement marqué en olfaction. Un vin d'intensité moyenne à corsée qui se démarque en bouche par la richesse de ses fruits à maturité, ses saveurs de chêne toasté et par la complexité de son ensemble. Un vin de caractère, puissant qui est juteux et élégant, laissant échapper une subtile pointe d'acidité qui se termine sur une finale longue appuyée de magnifiques tannins. Un vin à servir à une température de 16°C.

Accord mets et vin

Laissez-vous séduire par un mariage avec du fromage bleu. Sinon, je vous suggère de l'accompagner d'un bon repas d'agneau ou de viandes rouges de bœuf, de côtes levées sur le BBQ, d'un magret de canard ou encore d'un rôti de porc aux pruneaux.

Oculus Mission Hill

70,49 $

Cépage :	Mélange merlot/cabernet sauvignon/cabernet franc
Producteur :	Mission Hill Wines
Millésime :	2005
Région :	Okanagan Valley
Pays :	Canada
Catégorie :	Rouge
Alcool :	13,5 %
Dégustation :	2009/01
Fermeture :	Liège
CUP :	776545981158
Site Internet :	www.missionhillwinery.com

Mission Hill est probablement l'une des meilleures références quant à la qualité de ses vins au Canada. La fierté de la feuille d'érable se retrouve dans cette prestigieuse bouteille noire mythique appelée Oculus ! Le vin provenant de la région d'Okanagan est élaboré avec le plus grand soin grâce au doigté de John Simes, le winemaker en chef du domaine.

Les raisins de l'Oculus sont ramassés à la main et triés pour s'assurer d'une sélection des meilleurs.

Notes de dégustation

L'Oculus est un assemblage de merlot, cabernet sauvignon, cabernet franc et petit verdot et c'est le fleuron de la maison Mission Hill. Le vin, ayant partiellement séjourné pendant 13 mois dans du fût de chêne français, est d'un rouge profond et ses élans aromatiques sont dominés par le cassis, la torréfaction, les fruits concentrés de cerises et de mûres. En bouche, un vin qui rime avec opulence, qui enveloppe le palais par sa texture riche en saveurs de chocolat, d'épices et avec des fruits charnus. Le vin est tannique, corsé mais on ne se lasse pas de le savourer dans la finale en longueur. Si je devais apporter qu'un seul vin canadien dans un abri nucléaire, ce serait celui-ci!

Accord mets et vin

À savourer avec du chevreuil en sauce, une escalope de veau, du faisan rôti, un magret de canard ou du poulet sauce chasseur.

Bacio Divino Napa Valley

74,29 $

Cépage:	Mélange (cabernet sauvignon, merlot, sangiovese, petite sirah, syrah)
Producteur:	Bacio Divino Cellars
Millésime:	2003
Région:	Napa Valley
Pays:	Etats-Unis
Catégorie:	Rouge
Alcool:	14,1 %
Dégustation:	2008/12
Fermeture:	Liège
CUP:	896473000001
Site Internet:	www.baciodivino.com

Notes de dégustation

Après avoir dégusté le 2000 dominé par des arômes de fût de chêne, d'expresso et de cerise, le 2003 est un millésime supérieur, avec une couleur rubis pourpre de bonne intensité, doté d'un nez flamboyant de fruits noirs, de cèdre et même de boîte à épices. Un vin un peu terreux, corsé et somptueux en bouche. Un fruit concentré et texturé qui plaît au palais et qui persiste en longueur en finale. Les raisins proviennent tous de la région de Napa, dont au moins 56 % de cabernet sauvignon est issu de sept différents vignobles. La portion de sangiovese est cueillie des élévations du vignoble d'Atlas Peek. Quant à la quantité de petite sirah utilisée, celle-ci est cultivée dans les vignes situées au nord de Calistoga. Le merlot et la syrah ont aussi été utilisés dans l'assemblage du vin. En dégustation à l'aveugle, j'aurais eu beaucoup de difficulté à dire que ce vin est californien tellement il épouse parfaitement le style toscan. Un vin dispendieux, mais qui vaut son pesant d'or pour l'amateur qui pourra le conserver au cellier pour les trois à cinq prochaines années.

Accord mets et vin

Agneau grillé aux herbes, entrecôte grillée au poivre, du gibier, du jambon fumé et meme un rosbif.

Silver Oak Alexander Valley Cabernet Sauvignon 74,79 $

Cépage :	Cabernet sauvignon
Producteur :	Silver Oak
Millésime :	2003
Région :	Californie
Pays :	États-Unis
Catégorie :	Rouge
Alcool :	14 %
Dégustation :	2008/11
Fermeture :	Liège
CUP :	785214190753
Site Internet :	www.silveroak.com

Notes de dégustation

Ce printemps, j'ai visité le vignoble de Silver Oak situé à Geyserville au nord de Sonoma County. Un endroit où l'on voudrait que le temps s'arrête tellement il est magnifique et magique. Le cabernet sauvignon y est roi et lorsque j'ai eu l'occasion de déguster à nouveau le millésime 2003 au festival de Moncton, j'étais au 7e ciel. Les gens avec qui j'ai discuté, et qui avaient pris la peine de goûter ce vin et celui des installations de Napa, étaient aussi du même avis : c'est un coup de cœur. Le 2003 est élégant avec sa robe rubis foncé et ses reflets violets. Un vin riche et expressif à souhait avec ses arômes de cerises noires et chocolat, de thé noir et gingembre. En bouche, une attaque séduisante avec une belle rondeur au palais où la cerise, le sucre brun et des saveurs de caramel s'exhibent. Une longue finale qui restera gravée dans vos souvenirs de dégustation. Selon certains avis, il pourrait se conserver jusqu'en 2025. Pour ma part, j'ai un 2004 au cellier et je n'ai pas l'intention de me faire languir davantage.

Accord mets et vin

Viandes rouges rôties ou grillées.

Montes Alpha M

84,05 $

Cépage :	Assemblage
Producteur :	Montes Sa
Millésime :	2004
Région :	Vallée de Rapel
Pays :	Chili
Catégorie :	Rouge
Alcool :	14,5 %
Dégustation :	2008/08
Fermeture :	Liège
CUP :	7804303271609
Site Internet :	www.monteswines.com

Un vin issu de la région située entre les Andes et l'océan Pacifique. La ville de Santa Cruz, représente un bon point de départ pour découvrir la Vallée de Rappel, située elle-même dans la Vallée centrale, et d'où provient ce vin de classe mondiale du Chili. Ce vin est élaboré à partir de cabernet sauvignon, cabernet franc, merlot et petit verdot.

Notes de dégustation

Un vin rouge foncé avec des arômes de chocolat amer, de cassis, de prunes, de figues et même de torréfaction. Le vin est doté d'une sublime complexité et d'une puissance élégante avec ses fruits qui envoûtent le palais et son caractère crémeux. La finale s'étire tout en dévoilant une belle minéralité. Conçu dans le style bordelais, le Montes Alpha M possède d'ailleurs de bonnes propriétés de conservation. Un vin à boire maintenant mais qui pourra se préserver au-delà de 2012. On suggère de décanter le vin durant une bonne heure !

Accord mets et vin

Un vin qui trouvera sa place à table avec du gibier rôti, de l'agneau et même certains fromages, comme le brie ou le gouda.

Pio Cesare Barolo D.O.C.G.

84,98 $

Cépage :	Nebbiolo
Producteur :	Pio Cesare
Millésime :	2001
Région :	Piémont
Pays :	Italie
Catégorie :	Rouge
Alcool :	14 %
Dégustation :	2008/10
Fermeture :	Liège
CUP :	8014629010014
Site Internet :	www.piocesare.it

Notes de dégustation

Un vin qui figurait dans le Top 100 du Wine Spectator en 2006. J'avais eu la sagesse d'en acheter quelques bouteilles et j'ai ouvert celle-ci durant le long congé de l'Action de grâces 2008. C'est un super vin italien et, après avoir bu ma première bouteille, je me suis résigné à attendre après 2011 pour ouvrir les prochaines. Un vin structuré, complexe et charpenté. Au nez, les arômes de réglisse, de confiture de mûres s'entremêlent avec des notes florales de violettes et de clou de girofle. En bouche, une explosion de saveur qui enrobe le palais avec des tannins puissants qui peuvent encore résister aux années. Un goût sec et un peu austère dans sa jeunesse, mais qui va offrir beaucoup de plaisir en vieillissant. Présentement, on retrouve le millésime 2003 sur les tablettes.

Accord mets et vin

Escalope de veau, osso buco ou encore un bon steak de filet mignon. À découvrir avec des fromages un peu relevés.

Domaine de Chevalier Pessac – Léognan Grand Cru Classé — 89,29 $

Cépage :	Cabernet sauvignon, merlot, cabernet franc et petit verdot
Producteur :	SC Domaine de Chevalier
Millésime :	2003
Région :	Bordeaux
Pays :	France
Catégorie :	Rouge
Alcool :	13 %
Dégustation :	2009/02
Fermeture :	Liège
CUP :	3448820701764
Site Internet :	www.domainedechevalier.com

Un grand cru de Bordeaux comme on les aime. L'âme du vignoble se retrouve dans chaque bouteille où la notion de terroir revêt toute son importance. Un vin élaboré avec soin avec la passion de la culture du vin dans sa plus belle expression. Ce vin d'appellation Pessac Léognan est présenté avec grande fierté par celui qui dirige le domaine depuis 1983, c'est-à-dire Olivier Bernard. C'est un Grand Cru Classé de Grave doté d'une histoire riche et qui a reçu son statut de grand vin en 1953.

Notes de dégustation

Superbe millésime que ce 2003 qui s'affiche en finesse avec une robe rouge rubis foncé. Des arômes envoûtants de cerises, de boîte à cigare, de fruits noirs et légèrement terreux. En bouche, il s'exprime par un palais structuré et une belle concentration autour de saveurs de cassis et de tabac. Un vin juteux, soutenu par un léger côté de chêne grillé qui est bien balancé avec une acidité au goût de cerises. Un vin ayant un potentiel de garde de 10 à 15 ans qui fera belle impression, peu importe l'occasion. Ce vin se vend néanmoins près de 25 dollars de plus au Nouveau-Brunswick qu'au Québec.

Accord mets et vin

Un excellent choix avec de l'agneau, du canard à l'orange, un filet de bœuf et un fromage de type Roquefort.

Domaine Bouchard Père & Fils Beaune

91,48 $

1er cru «Les Grèves Vigne de L'Enfant Jésus»	
Cépage :	Pinot noir
Producteur :	Bouchard Père & Fils
Millésime :	2002
Région :	Bourgogne
Pays :	France
Catégorie :	Rouge
Alcool :	13,5 %
Dégustation :	2008/07
Fermeture :	Liège
CUP :	3337690077997
Site Internet :	www.bouchard-pereetfils.com

Ceux et celles qui peuvent se payer un premier cru de cette qualité peuvent s'enorgueillir de goûter à l'essence même d'un terroir unique, celui de Bourgogne. Malheureusement, ces vins sont souvent hors de portée de bien des bourses, mais quel plaisir pour le palais. J'ai eu l'occasion de rencontrer Luc Bouchard, à Caraquet en 2008, grâce à un heureux effort entre Alcool NB Liquor et le Festivin. Cet amour et cette passion pour ce terroir se retrouvent dans l'élaboration de ce vin qui dégage l'excellence.

Notes de dégustation

Un 1er cru avec des tannins charnus et un nez complexe de chocolat noir, de torréfaction soutenue par des notes épicées. Un vin à la robe tirant sur l'orangé et qui offre en bouche un plaisir langoureux avec des tannins de dentelle. Une finale en longueur et velouté d'un vin charpenté qui restera dans votre mémoire gustative pour longtemps. Une demi-heure en carafe l'avantage et le servir entre 16 et 18°C.

Accord mets et vin

Un bon bœuf bourguignon, un magret de canard grillé ou un bon tournedos.

Champagnes et mousseux

Champagne DUVAL LEROY Cuvée Paris Brut) 70,49 $

Cépage :	Assemblage (mélange)
Producteur :	Duval Leroy
Millésime :	Non millésimé
Région :	Champagne
Pays :	France
Catégorie :	Mousseux, Champagne
Alcool :	12 %
Dégustation :	2009/07
Fermeture :	Liège
CUP :	3259456000448

Notes de dégustation

Découvert lors de l'événement Expo Vins 2008 de Moncton, ce champagne a vite retenu mon attention. Un vin élégant, un peu corsé, avec des bulles en finesse. Un nez de fruits, mais aussi des arômes de noisettes et de fleurs blanches. La finale est longue et soyeuse. Cette maison est aussi à l'origine d'un brut à 56,79 $ qui s'est attiré les éloges de nombreuses publications de renom, comme le Wine Spectator qui l'a inclu dans son top 100 des meilleurs vins de 2008. Le vin était encore disponible chez Alcool NB Liquor au moment d'écrire ces lignes.

Accord mets et vin

À boire avec un festin de homard ou simplement dans son expression la plus naturelle, en apéritif.

Ayala Millesimé 1999

77,99 $

Cépage:	Pinot noir, chardonnay, assemblage (mélange)
Producteur:	Ayala & Co Champagne
Millésime:	1999
Région:	Champagne
Pays:	France
Catégorie:	Mousseux, Champagne
Alcool:	12,5 %
Dégustation:	2008/11
Fermeture:	Liège
CUP:	3113841002007

Notes de dégustation

Dégusté à Moncton à l'Expo Vins, j'avais peine à croire que nous avions la chance de déguster un champagne millésimé de cette qualité. Un vin puissant, élaboré à partir de chardonnay et de pinot noir. Un caractère élégant et fin avec un goût mielleux, un arôme que l'on retrouve aussi au nez. Servir à une température entre 8 et 10°C.

Accord mets et vin

Gibier à plumes.

Champagne Henriot brut rosé

80,98 $

Cépage:	Chardonnay, pinot noir
Producteur:	Champagne Henriot
Région:	Champagne
Pays:	France
Catégorie:	Mousseux, Champagne
Alcool:	12 %
Dégustation:	2008/11
Fermeture:	Liège
CUP:	3284890460107

Notes de dégustation

J'adore le champagne, et ce brut rosé d'Henriot est séducteur avec sa belle fraîcheur. Un vin bien équilibré, minéral, avec une persistance remarquable. C'est un champagne dont l'assemblage est composé de 42 % de chardonnay et de 58 % de pinot noir, 20 % vinifiés en vin rouge, et dont environ un tiers provient des vins de réserve de la maison. Les arômes de fruits rouges sont bien présents, dont la fraise et la framboise.

Accord mets et vin

Idéal en apéritif ou avec un dessert aux fruits rouges.

Mousseux

Yellow Tail Bubbles	14,79 $
Cépages:	Chardonnay, sémillon et muscat
Producteur:	Casella Estate
Millésime:	Non millésimé
Région:	South Eastern Australia
Pays:	Australie
Catégorie:	Mousseux
Alcool:	12 %
Dégustation:	2009/01
Fermeture:	Liège
CUP:	839743000462
Site Internet:	www.yellowtailwine.com

Notes de dégustation

Le Yellow Tail Bubbles est un vin mousseux pas compliqué, provenant de la région South Eastern de l'Australie et élaboré par la famille Casella, ces Italiens qui ont émigré en Australie en 1965. Pour savourer les bulles sans se ruiner, le Bubbles est un vin honnête qui plaira par ses arômes de fruits tropicaux qui s'harmonisent à son goût légèrement sucré et fruité. En bouche, il en ressort un vin fringant et croustillant, offrant une longueur généreuse. C'est un vin idéal pour mettre un air de fête dans vos rencontres entre amis.

Accord mets et vin

Excellent en apéritif, du saumon grillé sans sauce et des crustacés, comme le homard sans sauce, ainsi que des sushis pourront faire des associations adéquates. Au dessert avec une tarte aux fraises, il fera un aussi un agréable compagnon.

Jacobs Creek Chardonnay/ Pinot Noir Brut Cuvee NM

15,29 $

Cépage:	Mélange pinot noir/chardonnay
Producteur:	Jacobs Creek
Millésime:	Non millésimé
Région:	South Eastern
Pays:	Australie
Catégorie:	Mousseux blanc
Alcool:	11,5 %
Dégustation:	2008/12
Fermeture:	Liège
CUP:	9300727839244
Site Internet:	www.jacobscreek.com

Notes de dégustation

Une véritable aubaine pour les amateurs de bulles, ce mousseux, qui coûte près de quatre fois moins cher qu'une bouteille de champagne, n'est pas sans offrir un niveau de qualité qui s'en approche. Ce vin est composé d'un mélange de 80 % chardonnay et 20 % de pinot noir fermenté en bouteille, en provenance d'une région viticole reconnue en Australie pour la qualité de ses vins, soit Barossa Valley. Il en découle un vin avec des arômes de levure et une teneur en bouche qui fera bonne impression, avec ses saveurs de citron et des notes de fraises appuyées par des effluves de pain et de biscuits en arrière-plan. Une bonne acidité, une structure et un équilibre honnête pour le prix.

Accord mets et vin

Excellent en apéritif, mais aussi avec une multitude de combinaisons dont des mets asiatiques et des fruits de mer. Parmi les plats recommandés, il faut noter des linguines aux crevettes et asperges, ainsi qu'un tartare de saumon.

Segura Viudas Lavit Rosado Brut Cava Mousseux 16,79 $

Cépage :	Grenache
Producteur :	Segura Viudas
Millésime :	Non millésimé
Région :	Catalogne
Pays :	Espagne
Catégorie :	Mousseux
Alcool :	12 %
Dégustation :	2008/07
Fermeture :	Liège
CUP :	033293653004
Site Internet :	www.freixenet.ca

Notes de dégustation

Un beau rosé mousseux d'été pour l'apéro avec des bulles fines et peu persistantes. En bouche, sa texture souple se fond dans une finale légèrement persistante.

Accord mets et vin

Fromage à pâte fraîche, charcuteries froides, aiglefin et sole. Idéal seul, en apéritif.

Banrock Station Sparkling Chardonnay

17,99 $

Cépage :	Chardonnay
Producteur :	Banrock Station
Millésime :	Non millésimé
Région :	South Australia
Pays :	Australie
Catégorie :	Blanc
Alcool :	11,5 %
Dégustation :	2009/01
Fermeture :	Liège
CUP :	9311043029967
Site Internet :	www.banrockstation.com

Notes de dégustation

Un agréable mousseux d'Australie qui se définit par une couleur jaune paille avec une touche verdâtre. Le vin est brillant en apparence et présente un bouquet exquis d'arômes de pêches et d'une touche de levure. En bouche, une persistance honnête caractérisée par un corps ample sur le fruit, rehaussée par la finesse de ses bulles. L'acidité présente dans ce mousseux est bien balancée et, pour ceux qui aiment un vin sec, ce sera un excellent choix.

Accord mets et vin

Un mousseux qui pourra se marier avantageusement avec du crabe et des huîtres. Pour l'apéritif, il représente également une belle occasion.

Breganze Prosecco Spumante Extra Dry

22,49 $

Cépage :	Prosecco
Producteur :	Cantina Beato Bartolomeo
Millésime :	Non millésimé
Région :	Vénétie
Pays :	Italie
Catégorie :	Mousseux
Alcool :	11,5 %
Fermeture :	Liège
Dégustation :	2008/11
CUP :	839131000616

Notes de dégustation

C'est le mousseux qui m'a le plus impressionné à moins de 25 dollars durant la dernière année. Il s'agit d'un beau vin festif, de couleur jaune paille, qui exhibe les fruits et les fleurs avec une agréable intensité. De la pomme, de la poire et même un délicieux parfum de roses se dégage de ce vin provenant de la région de Vénétie. En bouche, il démontre une belle persistance avec des saveurs croustillantes de pain grillé et d'amandes. Un vin d'une belle richesse et d'une longueur enviable pour un mousseux à ce prix. À servir entre 8 et 10°C.

Accord mets et vin

Idéal en apéritif, il pourra aussi s'acoquiner avec des plats mettant en évidence du fromage Parmigiano-Reggiano. Il fera aussi belle figure avec du melon enrobé de prosciutto.

Rosés et Porto

Marrenon Rosé de syrah

12,49 $

Cépage :	Syrah
Producteur :	Cellier De Marrenon
Millésime :	2007
Région :	Luberon - Provence
Pays :	France
Catégorie :	Rosé
Alcool :	12,5 %
Dégustation :	2009/01
Fermeture :	Capsule à vis
CUP :	325681111371
Site Internet :	www.marrenon.com

Situé dans le Parc Régional du Luberon, le Cellier de Marrenon est un beau vignoble de Provence, une région réputée pour ses rosés. Ce vignoble, qui a accédé à l'appellation d'origine contrôlée « Côtes du Luberon » en 1988, est désormais reconnu pour ses méthodes en viticulture.

Notes de dégustation

Désigné comme étant un Vin de Pays de Vaucluse, ce vin, élaboré à base de syrah, arbore la couleur des pétales de roses. Il est doté d'un nez intense tout aussi floral, mais surtout marqué par des arômes de fruits rouges et plus spécifiquement de fraises. C'est un rosé rafraîchissant, juteux en bouche, et son caractère fruité et épicé procurera un réel plaisir en guise d'apéritif, mais aussi pour accompagner certains mets durant la période estivale. À servir frais entre 7 et 8°C. Un vin à boire jeune.

Accord mets et vin

Excellent en apéritif, il sera agréable avec une multitude de plats, dont des hors-d'œuvre, des charcuteries et il s'est avéré un pur délice avec une pizza !

La Vieille Ferme Rosé AOC Côtes du Ventoux — 13,29 $

Cépage :	Mélange cinsault, grenache, syrah
Producteur :	Domaine Perrin et fils
Millésime :	2006
Région :	Rhône
Pays :	France
Catégorie :	Rosé
Alcool :	13 %
Dégustation :	2009/01
Fermeture :	Capsule à vis
CUP :	631470000124
Site Internet :	www.lavieilleferme.com

La note Le Tire-bouchon : 88

Notes de dégustation

Un agréable rosé qui, comme le rouge et le blanc de la famille Perrin sous l'étiquette La Vieille Ferme, s'illustre par son excellent rapport qualité/prix. Le rosé, portant la signature de Jean-Pierre et François Perrin, est élaboré à partir d'un mélange de cinsault (50 %), de grenache (40 %) et de syrah (10 %). La couleur de sa robe est d'aspect rouge pétale de rose. Le vin dégage des arômes envoûtants de fleurs, de sucre brun, d'anis et de petits fruits rouges sauvages. On y retrouve une belle richesse en bouche avec un équilibre étonnant pour le prix. Ce vin sec est composé de saveurs de caramel et de bonbon au caramel, une petite gâterie à ce prix ! À servir entre 10 et 12°C, de préférence dans des verres en forme de tulipes.

Accord mets et vin

Ce rosé gourmand sera des plus agréables avec des grillades, des salades, un poulet rôti. Personnellement, je l'adore en apéritif.

Yellow Tail Rosé

13,29 $

Cépages :	**Shiraz et cabernet sauvignon**
Producteur :	**Casella Estate**
Millésime :	**2008**
Région :	**South Eastern**
Pays :	**Australie**
Catégorie :	**Rosé**
Alcool :	**13,5 %**
Dégustation :	**2009/05**
Fermeture :	**Capsule à vis**
CUP :	**839743000400**
Site Internet :	**www.casellawines.com.au**

Les vins rosés ont eu la vie dure dans le passé avec toute sorte de préjugés, parfois un peu à tort en étant étiqueté de vins de piscine. Pourtant, ceux qui connaissent les procédés d'élaboration savent qu'il est plus difficile de produire de bons vins rosés plus que n'importe quel autre vin. Il y a certaines régions, comme la Provence en France, qui démontrent un savoir-faire exemplaire, mais il est vrai qu'il existe beaucoup d'écarts de qualité dans bien des pays dits du Nouveau Monde. Pourtant, ce petit vin de la populaire gamme Yellow Tail d'Australie démontre de belles propriétés et il ne demande qu'à être savouré. Évidemment, nous n'avons pas une variété très large de rosés au Nouveau-Brunswick, et c'est dommage, car il existe de véritables petits bijoux à prix doux.

Notes de dégustation

Vous voulez démontrer à un initié que les arômes fraise peuvent être décelés dans le vin ? Voici un vin tout désigné. Une belle robe rouge profonde qui tire justement sur la couleur de la boisson gazeuse aux fraises. Un bouquet de fruits rouges, dont la cerise, mais aussi des notes subtilement épicées. En bouche, c'est un vin rafraîchissant et juteux, des qualités découlant probablement du fait que les raisins ont été récoltés durant la nuit, ce qui a permis de préserver ses propriétés gustatives, ses saveurs en fruits. Un vin qui démontre une belle acidité et des tannins fins qui débouchent sur une finale d'une longueur moyenne tout en souplesse. À servir entre 8 et 10°C. Prêt à boire maintenant, mais il se conservera jusqu'en 2010.

Accord mets et vin

Les crevettes grillées s'imposent en véritable délice en compagnie de ce rosé aux doux parfums de fraises. Un vin qui sera aussi favorable à des mariages avec de belles salades estivales, des charcuteries et certains fromages légers. Autrement, il sera aussi un rosé passe-partout pour partager des tapas entre amis.

Masi Modello Rosato

14,79 $

Cépage :	Merlot, refosco
Producteur :	Masi Agricola
Millésime :	2007
Région :	Vénétie
Pays :	Italie
Catégorie :	Rosé
Alcool :	12 %
Dégustation :	2008/11
Fermeture :	Capsule à vis
CUP :	8002062001706
Site Internet :	www.masi.it

Notes de dégustation

Un rosé à la robe foncée, à l'olfaction, un nez bourré de petits fruits rouges avec des arômes de framboises, cerises sauvages et mûres. En bouche, un vin sec, léger et fruité. Les fruits comme la groseille et la fraise sont des saveurs reconnues. La finale est assez persistante. Le servir à une température entre 8 et 10°C.

Accord mets et vin

Fromage à pâte molle ou en apéritif, il sera aussi agréable avec les pâtes italiennes sauce rosée, les pâtés et terrines de volaille.

Le P'tit Grain de Syrah Rosé

14,99 $

Cépage :	Syrah - shiraz
Producteur :	Château de Gourgazaud
Millésime :	2007
Région :	Minervois - Languedoc Roussillon
Pays :	France
Catégorie :	Rosé
Alcool :	12,5 %
Dégustation :	2008/11
Fermeture :	Liège
CUP :	3497120000145
Site Internet :	gourgazaud.com

Notes de dégustation

Le Château de Gourgazaud produit ce petit rosé qui offre un vin à la robe rose saumon. C'est un vin simple, honnête et agréable avec son nez de petits fruits rouges de fraises, de groseilles et de cerises. En bouche, les mêmes propriétés sont présentes, avec un goût fraisé légèrement acidulé. Un vin d'été rafraîchissant, à boire seul ou lors d'un repas estival. À servir entre 6 et 8°C.

Accord mets et vin

Cuisine légère, salades, grillades et cuisine chinoise.

Rosé de la chevalière Laroche

14,99 $

Cépage :	Mélange
Millésime :	2007
Producteur :	Domaine Laroche
Région :	Languedoc
Pays :	France
Catégorie :	Rosé
Alcool :	12 %
Dégustation :	2009/01
Fermeture :	Capsule à vis
CUP :	3546680014199
Site Internet :	www.mas-la-chevaliere.com

Un vin qui provient du Languedoc, le plus ancien vignoble de France et la plus grande région viticole du monde. Sa superficie s'étend sur plus de 300 km et représente trois fois le vignoble bordelais et plus de quatre fois le vignoble australien.

Notes de dégustation

Ce rosé offre une robe particulièrement attrayante par sa couleur pétale de rose. Un mélange savoureux dominé à 60 % par la syrah et la balance, à parts égales, entre le merlot et le grenache. Ce sont les arômes floraux et de petits fruits rouges qui caractérisent le nez de ce vin de pays d'Oc, avec la présence de fraises et de framboises. En bouche, c'est un délice croustillant de fruits rouges qui offre une belle souplesse et une teneur rafraîchissante. Le vin est soumis à un élevage en cuve d'acier inoxydable pour une durée de trois mois.

Accord mets et vin

L'apéritif passe plutôt bien avec un rosé du Languedoc. Ce vin est aussi superbe avec des salades et des charcuteries. La viande blanche cuite sur le BBQ et même un bon homard des Maritimes lui rendront aussi justice. Une paella est aussi un met exquis en sa compagnie !

Dow's Colheita Porto

39,29 $

Cépage:	Touriga Nacional, Touriga Francesa, Tinta Barroca, Tinta Roriz et Tinto Cão
Producteur:	Symington Family Estates Vinhos
Millésime:	1997
Région:	Haut-Douro
Pays:	Portugal
Catégorie:	Rouge
Alcool:	20 %
Dégustation:	2008/12
Fermeture:	Liège
CUP:	5010867206281
Site Internet:	www.dows-port.com

Le porto est un vin fortifié qui a connu une hausse de popularité durant la dernière décennie. Les amateurs du traditionnel mariage porto et cigare ont peut-être moins la côte, mais il semble que ce vin lui-même continu à être apprécié. Le Colheita est un vin de porto de très bonne qualité et d'une seule récolte. C'est un vin vieilli en fût (minimum de sept ans), auquel l'Institut du Vin de Porto reconnaît le droit d'utiliser la date correspondante. Au moment de réviser mes notes en juillet dernier, le 1997 n'était plus disponible chez Alcool NB Liquor, mais le millésime1999 avait pris la place sur les tablettes.

Notes de dégustation

Ce fut probablement mon porto préféré en 2008. J'avais l'habitude d'opter pour des Taylor Flatgate, soit LBV ou des tawny de 10 ou 20 ans d'âge, mais la découverte de ce Colheita de Dow's fût une agréable surprise. C'est un vin à la belle robe rouge tuilée. Un porto au nez complexe d'arômes de fruits cuits, de caramel et de bois brûlé. En bouche, il s'exprime avec intensité et puissance avec des notes de figues. Un vin doux avec une finale qui s'étire comme le plaisir de le déguster entre amis.

Accord mets et vin

Je l'ai essayé lors d'une soirée de dégustation durant la période des fêtes en 2008 avec une tarte au chocolat et caramel et, selon les propos des convives, c'était tout simplement un mariage exquis. Aussi, on pourra l'apprécier avec des fromages à pâte ferme ayant un peu vieillis.

PARTIE

2

Harmonie vins et mets

Comme je l'ai indiqué en début du livre, je ne suis pas un sommelier professionnel. Le sommelier est souvent le spécialiste des accords entre les mets et les vins en restauration. Le sujet pourrait à lui seul faire l'objet d'un livre et d'ailleurs, il existe une multitude de bons ouvrages que je vous recommande, dont celui du sommelier François Chartier intitulé À table avec François Chartier et Le guide pratique des accords vins et mets de Jacques Orhon.

Cette section se veut davantage un aide-mémoire des petites règles d'usage. Les harmonies vins et mets de votre livre Le Tire-bouchon, votre guide des vins au Nouveau-Brunswick proviennent, pour la plupart, des suggestions des producteurs de vins à partir des fiches techniques disponibles sur leurs sites Internet. Toutefois, il importe de préciser que j'y ai ajouté ma touche personnelle avec les nombreuses expériences gastronomiques qu'il m'a été donné de partager. Jules Roiseux lançait souvent à la blague que même le meilleur vin en présence de votre belle-maman n'a pas toujours le même goût. Sans vouloir me mettre toutes les belles-mères à dos, j'ai compris par cette allusion que l'ami Jules voulait ainsi imager un concept fort important.

Ainsi, l'ambiance et le contexte d'un repas sont des éléments aussi essentiels que le mariage du vin et du plat présenté à table. J'ai eu l'opportunité de faire l'expérience de ce concept moi-même lors d'un arrêt dans un restaurant très prisé de San Francisco. Je me souviens avoir ressenti une certaine déception, notamment à cause du tohu-bohu des lieux qui m'a empêché d'apprécier pleinement le repas et le vin que j'avais commandés. Le niveau de décibel des conversations aura eu raison de mon plaisir.

C'est la même chose pour les accords entre les mets et les vins. Si vous n'aimez pas les huîtres, on aura beau marier ce met à un superbe vin blanc, il n'est pas certain que vous aimerez l'expérience. Il y a des gens qui n'aiment pas les vins australiens, alors il sera pratiquement inutile de respecter une harmonie qui propose un shiraz d'Australie avec vos côtes levées sur le gril. Il faut avoir du plaisir et faire également preuve d'audace, car certaines règles ne sont pas la vérité absolue.

Quelques règles de base de l'harmonie vins et mets

La séquence à laquelle vous aurez à servir vos vins respecte généralement une suite logique.

Il est préférable de servir un vin léger avant de servir un vin corsé et par surcroît les blancs avant les rouges. Il est aussi important de respecter une séquence où un vin sec précède un vin moelleux, tout comme un plus jeune vin devra être présenté avant un vin plus vieux.

Un vin simple s'harmonise ordinairement avec des mets simples alors qu'un vin subtil et complexe sera mis en valeur avec un mets raffiné.

Les saveurs et les textures des mets ont autant d'influence sur la réussite de vos harmonies.

Le choix du vin se fait souvent par rapport aux accompagnements du mets.

La cuisine moderne utilise des épices, des aromates et des sauces qui dominent la plupart du temps la pièce maîtresse. Par exemple, le mode de cuisson d'une pièce de viande et la couleur de la sauce qui l'accompagne ont autant d'importance dans le choix du vin qui lui sera soumis. Ainsi, une viande blanche (poulet, dinde, etc.) accompagnée d'une sauce foncée s'harmonisera davantage avec des vins rouges.

Les arômes et les saveurs combinés du vin et du plat doivent se compléter sans se dominer.

Un mariage harmonieux a plus de chance de s'accomplir avec de bons produits. Il importe de vérifier que le vin n'est pas altéré par un défaut (vin oxydé, bouchonné, etc.) et que la nourriture est la plus fraîche possible.

Le vin a certains ennemis naturels.

Mais même avec les indications formulées plus haut, vous pourriez être étonnés de certains mariages. En général, le vin ne s'accorde pas très bien avec l'ail, les anchois, les crudités, les œufs, les yaourts, les fruits frais acides, les vinaigrettes, la moutarde et les légumes verts (asperges, brocoli, etc.).

Le traditionnel « vin et fromage » n'est pas le mariage idéal.

En fait, plusieurs personnes pensent que c'est l'alliance la plus adéquate, alors qu'au contraire, il est extrêmement difficile d'obtenir de bons résultats, surtout avec les vins rouges. Le fromage est blanc et il est habituellement constitué de matières grasses. Il va, par conséquent, s'accorder plus facilement avec des vins blancs, toutefois c'est un exercice plutôt complexe.

Difficile d'harmoniser la cuisine épicée de type asiatique avec du vin.

La cuisine asiatique a aussi longtemps été perçue comme difficile à harmoniser avec les vins en raison des épices et des sauces parfois fruitées et sucrées qu'elle préconise.

Il y a tellement de plats variés qu'il est presque impossible d'opter pour une règle générale. Avec la popularité croissante des sushis et le phénomène de la mondialisation, il est néanmoins de plus en plus facile d'obtenir de l'information sur le sujet.

Dans le prochain chapitre, Vins et Internet, je vous recommande quelques sites qui vous permettront d'obtenir des suggestions rapides d'harmonie entre les vins et les mets.

Vins et Internet

Lorsque je suis devenu l'éditeur du site Internet Acadie.Net en 1999, j'ai tout de suite été conquis par ce nouveau médium. La toile de l'information est un accès privilégié sur le monde et j'ai été en mesure de marier deux de mes passions grâce au World Wide Web. Le www est devenu pour moi le World Wine Web. Mon affection pour les nouvelles technologies m'a amené à faire des chroniques à la radio pendant plusieurs années sur les ondes de quatre stations différentes.

Pour l'amateur de vin, Internet est aussi une source intarissable de renseignements, et encore aujourd'hui, je m'y réfère lorsque je ne peux pas trouver ce que je cherche dans les livres. Depuis plus de trois ans, j'ai harmonisé ces deux passions, Internet et vins, à partir d'un blogue qui se nomme Le Tire-bouchon. L'adresse de mon blogue est **leti-rebouchon.blogspot.com**.

Ce site lancé, en novembre 2006, a déjà fait l'objet de publication de plus de 375 textes. Encore aujourd'hui, je fais des mises à jour régulières en publiant des articles sur le monde du vin en général et les dégustations que j'organise ou auxquelles j'ai le privilège d'assister.

Je vous partage aujourd'hui mon carnet d'adresses des sites que je consulte le plus souvent et certains outils qui me rendent de précieux services. Pas besoin de vous dire qu'il y a beaucoup plus de sites en anglais qu'en français, donc je vous propose seulement quelques sites dans la langue de Shakespeare et un peu plus de ressources en français.

Sites aux arômes anglophones

Voici une liste de magazines du vin qui représentent des références pour les amateurs et professionnels du vin. Je consulte régulièrement ces sites pour obtenir des renseignements sur des vins ou encore pour m'informer tout simplement.

Le Wine Spectator online
(www.winespectator.com)

Lancé en 1996, le site Internet d'une des sources les plus influentes offre des articles intéressants concernant le monde du vin. Moyennant un abonnement, le maniaque du vin aura accès à une impressionnante base de données de plus de 203 000 vins commentés et notés sur 100 points. La liste des 100 meilleurs vins de l'année est publiée en novembre, un incontournable. Il est aussi possible de gérer sa collection de vins en adhérant comme membre moyennant les frais de l'inscription. On propose aussi une liste d'adresses de bonnes tables à travers plusieurs pays dans le monde où il est possible de manger de bons plats accompagnés de vin.

Ce que j'aime : la multitude de vins disponibles, ses nouvelles et mises à jour fréquentes.

Robert Parker online
(www.erobertparker.com)

Celui que l'on nomme le Wine advocate est un critique américain du vin qui exerce une influence indéniable sur l'évaluation des vins, notamment en France. Celui que l'on coiffe du titre de Million-Dollar nose a révolutionné, à sa façon, l'industrie du vin. Le site Internet donne accès à une base de données de plus de 100 000 vins commentés, moyennant aussi des frais d'abonnement. Il n'en demeure pas moins que Parker a fait sa place au soleil et son entrée en ligne depuis 2002, avec son site web, permet à ses adeptes de se tenir à l'affût de ce qui se passe dans le monde du vin en plus des évaluations de ce gourou passionné de la vigne.

Ce que j'aime : la légende derrière l'homme et la notoriété de ses évaluations spécialement dans le bordelais.

Decanter.com
(www.decanter.com)

Le magazine a été fondé en 1975 en Grande-Bretagne et il est publié dans plus de 90 pays. Il est considéré comme la bible du vin d'origine britannique. Depuis l'an 2000, le site Internet est une bonne référence en ligne offrant, comme ses compétiteurs du Wine spectator et de Robert Parker online des nouvelles du monde viticole, un guide des millésimes, des recommandations de plus de 4 000 vins annuellement et des dégustations commentées. En décembre, le magazine dévoile son vin de l'année dans le cadre de ses Decanter Awards. Le site donne accès à plus de 20 000 vins commentés sans avoir à s'abonner en ligne et les vins sont évalués par un système d'étoiles, 5 étant la meilleure note.

Ce que j'aime : l'accès gratuit à la base de données de ses vins et les nombreuses nouvelles touchant le monde du vin.

Wine Enthusiast magazine
(www.winemag.com)

Ce site fait aussi la promotion de la version papier d'un magazine fondé par Adam et Sybil Strum en 1988. La mission originale du magazine, née en Californie, est d'éduquer et de divertir les lecteurs tout en étant accessible et conviviale en tant qu'élément d'un style de vie active. Le site Internet donne un accès gratuit à la base de données de ses vins commentés et notés. De plus, il offre également plus de 1 000 spiritueux aussi commentés et notés sur 100 points comme les vins. Il y a aussi une liste de bons restaurants aux États-Unis seulement où il est possible de recevoir un service de vins récompensé par le biais d'un prix appelé America's Best Wine-Driven Restaurants.

Ce que j'aime : le moteur de recherche qui donne accès gratuitement à l'évaluation des vins, mais surtout celui qui a trait aux spiritueux.

Remarque : Ce que je trouve dommage, c'est qu'il n'existe pas de magazines ayant une portée internationale en français, comme ceux cités plus haut, touchant les vins de partout dans le monde. Cela s'explique peut-être par le fait que les Français eux-mêmes estiment que le meilleur vin au monde est toujours celui de leur patrie et s'intéressent encore peu aux vins d'ailleurs. Pourtant, les parts de marché du vin français tendent à diminuer dans le monde au profit des vins des pays du Nouveau Monde. Ce phénomène pourrait se poursuivre avec l'intérêt du marché asiatique pour le vin. Il y a certains livres publiés annuellement, comme le Guide Hachette des vins et un magazine Cuisine et vins de France, mais je demeure convaincu qu'il y a de la place pour une publication francophone avec une vue plus large.

Sites en français

Les blogues Grand Crus

Vous trouverez ici des journalistes ou professionnels du vin qui occupent une place dans la blogosphère et dont je consulte les écrits régulièrement.

À chacun sa bouteille
(achacunsabouteille.wordpress.com)

Rémy Charest est responsable de la section des Arts au Soleil, un quotidien de Québec. Cet habitué du domaine journalistique écrit depuis plus de dix ans dans le domaine du vin et de la gastronomie pour divers magazines et journaux. Il s'intéresse aux nuances des saveurs et à tous les aspects des débats entourant le monde du vin. Parfaitement bilingue, il alimente également un blogue en anglais sur le vin, soit The Wine Case, qui ne traite pas nécessairement des mêmes sujets.

Le blogue de Chartier
(francoischartier.typepad.com)

François Chartier est le seul Canadien à avoir remporté, en 1994 à Paris, le Grand Prix Sopexa International couronnant le meilleur sommelier au monde en vins et spiritueux de France. Ce sommelier professionnel est auteur de livres, de chroniques dans les journaux et d'un guide bien connu au Québec. Son blogue est une source d'informations concernant ses apparitions publiques, pour la promotion de ses livres, mais il est aussi attrayant pour sa rubrique Jeudi-Vin où il propose à ses lecteurs de dénicher le ou les vins, ainsi que les harmonies vins et mets pour nourrir leur week-end gourmand avec des vins disponibles à la Société des Alcools du Québec.

Méchant raisin
(mechantraisin.canoe.com)

Mathieu Turbide est journaliste au Journal de Montréal depuis 2002. Il écrit sur le vin par le biais du réseau canoë sur le blogue des maniaques du vin, soit Méchant raisin. C'est à mon sens la meilleure référence blogue au Québec, surtout pour la qualité de ses commentaires, ses descriptions de vins et le caractère parfois insolite de ses informations. Je dois également souligner la mise en page soignée et la convivialité de l'organisation des sections du site. À placer dans vos signets, notamment si vous achetez du vin au Québec de temps à autre. C'est un Grand Cru classé des blogues!

Oenotropie
(oenotropie.blogspot.com)

Jean Emmanuel Simond est importateur de vins étrangers, journaliste sur les vins français, animateur et organisateur d'évènements autour du vin. Il a créé la société Oenotropie à la fin 2004, et offre des articles captivants à travers son blogue, en plus de voir à la bonne marche de son entreprise. Malgré le fait qu'il soumette ses textes en ligne avec parcimonie, il possède une belle plume qu'il devrait peut-être exploiter davantage. Mais comme on dit en France, le «business» d'abord!

Les blogues de type Cru Bourgeois

Ce type de blogues n'est pas moins intéressant que celui des professionnels. Au contraire, ce sont des amateurs de vin, des passionnés qui partagent leur savoir, leurs découvertes et leurs états d'âme sur le vin, avec une grande rigueur. C'est d'ailleurs avec mon blogue Le Tire-bouchon que j'en suis venu à faire la découverte de leur travail. Ils et elles ont été des mentors.

Le blog d'Olif
(www.leblogdolif.com)

Olivier Grosjean dit Olif est né à Besançon en France. C'est un épicurien avoué qui occupe la blogosphère depuis mai 2005. Humoristique et sympathique à la fois, c'est ce qui décrit bien le courant qui anime l'écriture de ce blogueur. D'ailleurs, cela se reflète aussi sur la page d'accueil de son site, comme en fait foi cette mention: «Le parcours gustatif d'un terroiriste (sic) hédoniste jurassique.» Olif prend également soin d'agrémenter ses textes avec des photos ou des vidéos tout aussi savoureuses. Sans être prétentieux, ses notes de dégustations sont sérieuses et fort bien documentées.

Oenoline – La Fibre du vin
(www.oenoline.com/blog)

À partir de la France, Wilfried Robert propose un blogue depuis 2005, et un côté plus commercial avec des vêtements et accessoires faisant la promotion de la culture du vin. Le blogue est bien articulé avec des textes intéressants qui prennent parfois une facette engagée.

Vinsurvin
(vinsurvin.20minutes-blogs.fr)

Depuis 2006, Fabrice Le Glatin est auteur, rédacteur de Vinsurvin et producteur de chroniques œnophiles savoureuses en France. Avec son style franc, ses écrits invitants, le blogueur livre ses récits de dégustations, partage ses rencontres et fait la promotion avec passion du terroir français et de ses richesses. Il y met un engouement contagieux qui rejoint le professionnel autant que le débutant.

Wine Babe
(winebabe.blogspot.com)

Ce blogue est l'œuvre de Marsha, une Canadienne expatriée en Californie en 1998 après 14 années passées à Toronto. Passionnée de vins français, Marsha est en quête perpétuelle de bons vins pour sa cave comme elle le précise sur son profil. Le blogue est dédié aux œnophiles et aux amis qui partagent cet intérêt. D'ailleurs, elle y relate ses expériences avec le vin d'une façon conviviale, sans détour et avec un style désinvolte qui séduit.

Mes bonnes références du vin

Château Loisel
(www.chateauloisel.com)

Surnommé «Le petit guide Loisel des vins», le site de Rémi Loisel, concepteur de site web, n'est pas un professionnel du vin. Toutefois, son site offre des informations générales sur le monde du vin avec un niveau de professionnalisme certain. C'est un site non commercial dédié à la dégustation du vin, particulièrement les vins de France. C'est une véritable encyclopédie du vin avec sa section «La Pratique du vin». On y retrouve également la liste des appellations françaises avec des cartes détaillées et des crus classés de 1855. Un site à placer dans vos favoris!

La Planète-Vin
(www.abrege.com/lpv/apropos.htm)

Un site d'un amateur de vin qui a décidé de rendre accessibles les connaissances qu'il a acquises dans le monde du vin. Ce site est quasiment constitué uniquement de textes sans trop d'images – il est surtout dédié à l'apprentissage; il se fait très peu de sites de ce genre. C'est le fruit du labeur de Pierre Lotigie-Laurent au terme d'une multitude de lectures d'ouvrages sur le vin, de visites de vignobles et de participation à des dégustations.

Portail vigne et vin sur Wikipédia
(fr.wikipedia.org/wiki/Portail:Vigne_et_vin)

Wikipédia est un vaste projet d'encyclopédie collective en ligne dont l'objectif est d'offrir un contenu libre, neutre et vérifiable que chacun peut éditer et améliorer. Cela étant mis au clair, il faut donc utiliser ce site avec un certain discernement, car les sources sont généralement assez fiables, mais pas assurément sans failles. Je consulte la section Le portail vigne et vin pour obtenir rapidement de l'information lorsque je n'ai pas mes livres de vins à portée de la main.

Vin Québec
(vinquebec.com)

Vin Québec se définit comme le magazine d'information sur les vins disponibles au Québec et c'est pour cette raison qu'il figure dans mes bonnes références du vin. Lorsque je vais chez mes parents dans le Témiscouata, je fais une visite à la SAQ de Dégelis. Je profite donc des conseils de ce magazine web promulgué par son rédacteur en chef Marc-André Gagnon et ses collaborateurs afin d'orienter mes choix de vins dans la belle province. Monsieur Gagnon a un excellent sens de l'écriture, car il a été dans le corps journalistique pendant 30 ans à titre de reporter, chef de pupitre et webmestre à la salle de rédaction de Radio-Canada à Ottawa. Il est maintenant journaliste indépendant spécialisé en vins et se charge depuis mars 1997 d'être fidèle à la mission visée par ce magazine soit: découvrir, apprécier, apprendre et informer. Une excellente référence pour vos séjours au Québec.

Quelques outils à découvrir

Alcool NB Liquor
(www.nbliquor.com)

Comme c'est le cas dans les différentes provinces du Canada, la vente d'alcool est supervisée par l'État. Dans notre province, cette responsabilité est celle d'Alcool NB Liquor. Cette société d'État dessert le public et les titulaires de permis par le biais de ses 50 magasins et de 69 magasins de franchise privés. Depuis 2001, un site Internet informatif est accessible au public. Pour ma part, je consulte régulièrement ce site lorsque vient le temps de faire des achats. En effet, l'onglet «produits» permet d'interroger un moteur de recherche facilitant le repérage des produits disponibles et leur inventaire par point de vente. Parmi la gamme des produits vendus par la Société d'État, on compte plus de 2 500 produits dont 55 % sont des vins. Le reste est constitué à 23 % de spiritueux, à 10 % de bières et 12 % sont d'autres produits, tels que les panachés et les produits prêts à boire.

Enfin, il est à signaler que le site offre également de l'information sur les promotions, les nouveautés, des recettes culinaires et des informations pratiques sur les magasins. Contrairement à la Société des Alcools du Québec, il n'est pas encore possible de commander du vin en ligne. C'est un projet onéreux qui pourrait toutefois se concrétiser un jour. Toutefois, je suis d'avis que le site devrait apporter des améliorations dans un avenir rapproché. Par exemple, des fiches un peu plus détaillées des vins avec des accords mets et vins seraient certainement appréciées des consommateurs.

Open cellar
(www.open-cellar.com)

Open cellar se définit comme étant le site de la gestion facile de cave à vins. Pour moi c'est beaucoup plus que cela, car c'est devenu un outil indispensable pour la gestion de ma cave à vin. Pour quiconque ayant plus d'une cinquantaine de bouteilles dans un cellier, il est important d'avoir un bon logiciel pour tenir à jour l'information concernant vos vins et surtout pour les consommer avant de dépasser l'apogée du vin. Ce projet de Michel DUCROCQ est un véritable bijou pour l'amateur de vin. Open cellar offre un logiciel téléchargeable adapté à différentes plateformes comme Windows et Linux, en plus d'avoir une version pour Pocket PC. Il y a également un projet pour l'adapter à la version Iphone. Ce qui est totalement incroyable de nos jours, c'est que ce logiciel est gratuit. Toutefois, pour poursuivre son développement, l'auteur accepte les dons des utilisateurs. Open cellar est disponible en français même si son nom est très anglophone.

PlatsNetVins
(www.platsnetvins.com)

L'accord des mets et des vins n'est pas donné à tous. C'est pourquoi il est agréable d'avoir accès à une ressource Internet qui nous rend la tâche plus facile et cela gratuitement par surcroît. C'est un moteur de recherche des meilleurs accords entre mets et vins et vice versa. Cet outil offre la possibilité de plus de 44 600 accords entre près de 4 000 plats et 1 200 vins provenant de 21 pays. Malgré son allure sobre et peu attrayante visuellement, le site est un indispensable lorsqu'il faut réussir une harmonie entre le vin et votre assiette!

Vinivino
(www.vinivino.com)

La mode des réseaux sociaux accélérés par les phénomènes Facebook et MySpace n'échappe pas au monde du vin. Le site Vinivino, qui est aussi rattaché à un blogue, est animé par deux passionnés du vin soit Guy-Jacques Langevin et Yan Charbonneau. Vinivino permet de gérer vos vins et votre cave à vins, tout en partageant vos évaluations avec la communauté d'amateurs qui fréquentent le site. Vinivino veut rendre la dégustation de vins accessible à tous. C'est un outil qui vous permettra de comparer vos goûts et d'obtenir également des recommandations de la communauté selon vos intérêts. De plus, ce qui est agréable avec la fonction de gestion de votre cellier, c'est qu'il vous procure en temps réel le sommaire de vos vins par catégories, pays d'origine, cépages, temps de conservation et échéancier de consommation, le tout illustré par des graphiques simples.

Les sites officiels des régions françaises du vin

Alsace : **www.vinsalsace.com**

Beaujolais : **www.beaujolais.com**

Bordeaux : **www.bordeaux.com**

Bourgogne : **www.vins-bourgogne.fr**

Champagne : **www.champagne.fr**

Corse : **www.vinsdecorse.com**

Languedoc : **www.languedoc-wines.com**

La Vallée de la Loire : **www.vinsdeloire.fr**

Provence : **www.vinsdeprovence.net**

Roussillon : **www.vinsduroussillon.com**

Sud-ouest : **www.vins-du-sud-ouest.com**

Vallée du Rhône : **www.vins-rhone.com**

Des sites de vins en général et des domaines de rêves

André Lurton : **www.andrelurton.com**

Château Brane-Cantenac : **www.brane-cantenac.com**

Château Cos d'Estournel : **www.cosestournel.com**

Château d'Arche : **www.chateaudarche.fr**

Château Ducru-Beaucaillou : **www.chateau-ducru-beau-caillou.com**

Château d'Yquem : **www.yquem.fr**

Château Guiraud : **www.chateau-guiraud.fr**

Château Gruaud-Larose : **www.gruaud-larose.com**

Château Kirwan : **www.chateau-kirwan.com**

Château Latour : **www.chateau-latour.fr**

Château Langoa & Léoville-Barton : **www.leoville-barton.com**

Château Lagrange : **www.chateau-lagrange.com**

Château Lascombe : **www.chateau-lascombes.com**

Château Margaux : **www.chateau-margaux.com**

Château Malescot Saint-Exupéry : **www.malescot.com**

Château Montrose : **www.chateau-montrose.com**

Château Palmer : **www.chateau-palmer.com**

Château Pichon-Longueville : **www.pichonlongueville.com**

Château Rauzan-Ségla : **www.chateaurauzansegla.com**

Château Raymond-Lafon : **www.chateau-raymond-lafon.fr**

Domaine Clarence Dillon (Château Haut-Brion) : **www.haut-brion.com**

Dupéré-Barrerra négociant-éleveur : **www.duperebarrera.com**

Expo Vins & Gastronomie du Monde : **www.wineexpo.ca**

Festivin : **www.festivin.ca**

Grands vins de Bordeaux Robert Giraud : **www.robertgiraud.com**

Jacques et François Lurton : **www.jflurton.com**

La route des vins Brome-Missisquoi : **www.laroutedesvins.ca**

Vignoble Grégoire : **www.chateau-de-la-riviere.com**

Vins de Bordeaux Baron Philippe de Rothschild : **www.bpdr.com**

Vitisphère : **www.vitisphere.com**

P.-S. Les liens contenus dans ce guide étaient fonctionnels au moment de rédiger ce livre. Tout changement d'adresse ou contenu diffusé dans ces sites n'est pas de la responsabilité de l'auteur de ce guide ni celle de sa maison d'édition.

Voyager dans les vignes et faire la vie de château

Depuis 1990, j'ai effectué un bon nombre de voyages, la plupart dans les Caraïbes en quête de soleil. Ce goût du voyage est animé par une curiosité découlant d'une déformation professionnelle de l'époque où j'œuvrais dans le secteur des médias à titre de journaliste.

Mes voyages ont aussi été grandement influencés par ma passion du vin et c'est pourquoi j'ai tiré profit d'expériences dont je peux vous partager les conseils. Voyager, c'est rêver les yeux ouverts et j'avoue franchement que la préparation d'un voyage est tout aussi excitante que le périple lui-même.

Mon goût pour le vin m'a amené à visiter des endroits aussi merveilleux que l'Allemagne avec la fabuleuse région de la Moselle qui est sillonnée par le Rhin.

Les vignes à flanc de montagne sont d'une beauté dont on ne peut se lasser. Mes séjours m'ont amené sur différentes routes des vins, dont celles du Québec et de l'Ontario. Cette dernière ne cesse de gagner en popularité et elle est beaucoup plus accessible que les circuits d'Europe, surtout lorsque l'on habite le continent nord-américain.

Mon voyage dans les vignes de la Californie est certainement l'un des moments les plus mémorables alors qu'au printemps 2008, ma femme et moi, accompagnés d'un couple d'amis, nous nous sommes rendus en Californie pour visiter les deux régions viticoles les plus populaires de ce Pays : Napa et Sonoma. Lors de ce séjour, j'ai aussi découvert une région viticole moins connue du sud de la Californie, soit la Vallée de Temecula.

Évidemment, je n'ai pas encore visité Bordeaux en France, ni la Toscane en Italie, car je veux avoir plus de temps pour profiter de ces lieux particuliers. Ce sont des projets que je pourrais certainement concrétiser bientôt en ayant la possibilité de me libérer de mes obligations professionnelles et familiales.

Voici dix conseils pour profiter pleinement de vos visites dans les régions viticoles.

1. Identifiez la région du vin que vous voulez visiter et la période propice. (Le printemps et l'automne

sont habituellement plus agréables.) Lorsque vous choisissez une période rapprochée des vendanges, plus fortes sont les chances de faire face à un achalandage accru de visiteurs.

2. Documentez-vous en utilisant des ressources comme Internet et en achetant certains guides pratiques (Routard, Michelin, etc.) pour bien vous familiariser avec les lieux et les choses à voir.

3. Repérez les vignobles qui offrent des tours guidés et des dégustations de leur produit. Attention, ce ne sont pas tous les producteurs qui ouvrent leur porte au public. Plus un producteur est connu et plus les coûts pour déguster et visiter peuvent être un peu plus élevés. Certains vignerons n'exigeront pas le paiement pour la dégustation lorsque vous achetez quelques bouteilles de leur vignoble.

4. Préparez l'ordre de vos visites en prenant soin de dresser un horaire quotidien et prévoyez des alternatives s'il y a trop de visiteurs. Il est important de choisir des vignobles qui sont près les uns des autres dans une même journée. Vous évitez ainsi de parcourir des distances inutiles et augmentez vos chances de pouvoir passer plus de temps dans les vignobles eux-mêmes, plutôt que dans votre voiture.

   Ne pas prévoir plus de quatre installations à visiter. Premièrement, vous devez prendre le temps de déguster ce qu'on vous offre et dans une certaine mesure, après plusieurs dégustations vos papilles gustatives deviendront vite saturées. De plus, si vous prenez part à des tours guidés, il y a des séances qui varient de 30 minutes à près de deux heures.

5. Surveillez les bons de réduction. En parcourant Internet ou en vous procurant les brochures locales des endroits que vous désirez visiter, il y a souvent des bons de réduction qui vous permettent d'économiser sur les coûts des tours guidés ou des dégustations. Si vous passez plusieurs jours dans une région, cela pourrait représenter des économies appréciables.

6. Prenez le temps de prendre des notes sur ce que vous aimeriez goûter. Certaines personnes profitent de ces voyages pour repérer des vins qu'ils aimeraient acheter et conserver dans leur cellier. Fixez vos objectifs avant de partir, vous pourrez ainsi repérer des bouteilles qui feront votre bonheur. N'oubliez pas que certains millésimes sont meilleurs que d'autres, alors renseignez-vous sur la région que vous avez l'intention de visiter. De plus, n'oubliez pas que les lois sont très strictes aux douanes canadiennes. Si vous dépassez les quantités permises, cela pourrait s'avérer coûteux. Prévoyez également des méthodes d'emballage pour transporter vos bouteilles sans risquer qu'elles ne se brisent dans vos bagages. Du papier à bulles plastifié représente une très bonne alternative.

7. Modérez vos transports. Visiter des vignobles implique souvent une consommation d'alcool. N'oubliez pas que certains pays sont très stricts sur l'alcool au volant. Prévoyez un conducteur désigné et alternez d'un jour à l'autre, sinon, renseignez-vous sur les services de taxis, limousines et moyens de transport alternatif comme le train, le vélo ou même une randonnée pédestre. Ce sont parfois des moyens originaux de découvrir les vignobles.

8. Profitez-en pour goûter les saveurs locales lorsque vient l'heure des repas. Plusieurs installations viticoles ont un restaurant sur place et offrent des expériences culinaires uniques avec un mariage des mets et des vins de la propriété. Pour les endroits n'ayant pas de service de restauration, il est possible de faire un piquenique. Vous profiterez alors d'une ambiance champêtre pour savourer votre repas.

9. Prenez des notes sur ce que vous goûtez et demandez si c'est possible qu'on vous fournisse un menu de dégustation.

10. Ayez du plaisir. Il ne faut pas que votre voyage devienne un fardeau ou que vous ayez l'impression que c'est une course contre la montre pour faire le plus de vignobles possible. Sachez apprécier la qualité avant la quantité.

Quelques bonnes tables avec du vin

Région du Nord-Est

Le Nectar à Bathurst
Danny's Inn à Beresford
Mitchan Sushi à Caraquet
Le Grand Bleu à Caraquet
L'Hôtel Paulin à Caraquet
Café Phare à Caraquet
Brochetterie du Vieux Moulin à Nigadoo
La Fine Grobe sur mer à Nigadoo
La Crêpe Bretonne à Paquetville
La Maison de la Fondue à Tracadie
Le Maboule à Shippagan

Région du Restigouche

Manoir Adélaïde à Dalhousie
Upper Deck Steakhouse à Campbellton

Dans la région du Sud-Est

L'Idylle à Dieppe
Windjammer du Delta Beauséjour à Moncton
Little Louis' Oyster Bar à Moncton
Graffiti à Moncton
Le Château à Pape à Moncton
St James Gate à Moncton
Bogart's Bar & Grill à Moncton

Région de la Capitale provinciale

The Blue Door à Fredericton
BrewBaker's à Fredericton

Région du Nord-Ouest

Auberge Les Jardins Inn à Edmundston
La Terrasse (Hôtel Clarion)
Christovino Sushi and Grill à Edmundston

Entrevues vineuses

Les confidences de vos artistes acadiens

Avec mes années de journalisme et de radio, j'ai eu la chance de faire plusieurs belles rencontres et d'ainsi découvrir des êtres d'exception. Étant donné mon appartenance à ma communauté d'adoption de la Péninsule acadienne depuis près de 20 ans, j'ai été en mesure de me lier d'amitié avec plusieurs artistes de l'Acadie.

Il faut bien dire que la «grappe culturelle» est abondante et de bonne qualité chez les francophones du Nouveau-Brunswick. Dans le but de dévoiler une facette peu connue de nos artistes, j'ai décidé d'impliquer le «terroir artistique» dans mon projet de livre en faisant connaître les goûts et les confidences des artistes de chez nous concernant leur relation avec le vin.

Je vous livre, aujourd'hui, l'essence de ces entrevues vineuses en espérant que vous pourrez en apprendre davantage sur ces grands crus des arts de la scène.

Parmi les 11 artistes ayant bien voulu se prêter au jeu de l'entrevue vineuse, nous comptons: trois membres du groupe Ode à l'Acadie, soit Monique Poirier, Christian Kit Goguen et Patricia Richard; la belle de l'île Miscou, Sandra Lecouteur, qui est connue pour ses chansons et ses rôles au cinéma et au théâtre; le bluesman dynamique JP Leblanc; notre chanteur pop moutarde Michel Thériault; le guitariste Serge Basque, membre de l'ancienne formation Trans Akadi et Claire Normand, cette Acadienne d'adoption qui œuvre dans le milieu théâtral au Nouveau-Brunswick depuis plus de 20 ans et comédienne dans plusieurs productions au Théâtre populaire d'Acadie. J'ai également obtenu quelques révélations de René Cormier, qui est reconnu comme metteur en scène, acteur, musicien, animateur et gestionnaire culturel.

Enfin, à cette belle brochette, s'ajoute un chanteur acadien qui collectionne les prix et récompenses, Danny Boudreau, ainsi que Carl Philippe Gionet, un pianiste et docteur en musique qui collabore régulièrement avec de nombreux interprètes de haut niveau, se spécialisant surtout dans le coaching vocal auprès des chanteurs classiques.

Sur ces précisions, place aux artistes et aux vins.

M. Griffin: Quelles sont vos préférences en matière de vins? (Rouge, Blanc, Rosé, Porto, etc.)

Monique Poirier: J'aime surtout les rouges. Je n'ai pas réussi à trouver un blanc que j'aime vraiment, mais je crois que c'est aussi une question de combinaison... Si j'avais «le bon blanc» pour accompagner «le bon plat», ça ferait sans doute une différence.

Christian Kit Goguen: J'aime bien le shiraz dans le rouge. J'aime les vins secs. Le blanc et le rosé également, tant qu'ils sont bien froids.

Patricia Richard: J'aime bien toutes sortes de vins, mais vraiment le choix se fait en fonction du contexte dans lequel je me trouve. Par exemple, un vin rouge entre amis, juste pour un verre, un vin blanc avec des fruits de mer, un vin rosé si j'ai envie d'avoir le bec sucré!

Sandra Lecouteur: Le rouge!

JP Leblanc: Ça dépend beaucoup de l'occasion, mais j'ai de la difficulté à résister à un bon vin rouge.

Michel Thériault: Le rouge. Mais j'aime tous les autres aussi. Un petit rosé bien froid, sur le patio lors d'une soirée chaude d'ete, par exemple, c'est très agréable aussi.

Serge Basque: Dans la plupart des occasions, je préfère un vin rouge. J'aime bien que celui-ci soit puissant, ample, vieilli en fût de chêne avec des tanins assez serrés. Je choisis souvent des vins rouges avec des robes très colorées et parfois même violacées.

Claire Normand: J'aime tous les vins, par contre, j'ai un penchant pour le vin rouge (pas trop fruité) rond en bouche. Probablement parce qu'il accompagne à merveille la plupart des viandes. (J'ai un petit côté carnivore!)

Danny Boudreau: Sans hésitation le vin rouge!

Carl Philippe Gionet: D'emblée, je dirais que j'aime tous les vins. Mais s'il faut absolument hiérarchiser mon goût, je dirais que je préfère tout d'abord les vins rouges secs, ensuite les vins rosés du sud-ouest de la France, puis toutes les catégories de portos, le champagne (bien sûr!) et quelques vins blancs.

René Cormier: Il m'est difficile de préciser quelles sont mes préférences en matière de vin, car cela dépend réellement de plusieurs critères: à quelle occasion je le consomme, avec quel type de repas je le bois et aussi, en compagnie de quelle personne. En fait, je peux apprécier tous les vins, dans la mesure où ce sont de bons vins, associés aux bons aliments et adaptés aux bonnes occasions. Ces temps-ci, puisque je mange régulièrement du poisson, et que l'été nous a donné de nombreuses occasions d'en boire, j'apprécie particulièrement le vin blanc (bourgogne aligoté, gewurztraminer, pinot grigio d'Italie). Dans le cadre de cocktails (5 à 7), je préfère nettement boire un bon verre de vin rouge du bordelais.

M. Griffin: Qu'est-ce qui vous influence dans l'achat d'une bouteille? (Ami, lecture, étiquette, feeling...)

Monique Poirier: Si je passe une soirée avec des amis et qu'on me fait goûter un vin que j'aime, je retiens le nom! Si quelqu'un me parle d'un certain vin qu'il a aimé, je le prends souvent en note... J'aime goûter à des vins que je ne connais pas du tout. J'ai fait de belles découvertes comme ça!

Christian Kit Goguen: J'ai été de cette vague de gens qui ont commencé a être attirés par les vins australiens grâce aux étiquettes originales. Maintenant, j'aime m'aventurer dans les vins d'autres pays comme l'Espagne, l'Italie, la France surtout puisqu'on s'y est rendu souvent.

Patricia Richard: Souvent je vais consulter mes amis pour choisir une bouteille. Parfois j'avoue même essayer un vin parce que je trouve l'étiquette jolie ou cool!

Sandra Lecouteur: La région surtout. J'aime beaucoup les vins corsés avec des effluves de boisés et de roches.

JP Leblanc: J'aime acheter une bouteille différente chaque fois. J'aime regarder s'il a récolté des prix de reconnaissance pour sa qualité afin de faciliter mon choix. Je trouve aussi que, plus le nom sur la bouteille est bizarre ou original, plus je suis porté à l'acheter. (Par exemple : Cat Piss, Pisse Dru, Fat Bastard...)

Michel Thériault : Malheureusement, je n'y connais rien en vin. Je me laisse parfois tenter par les rabais offerts par les Régies des alcools. Je préfère les vins secs, alors je surveille les indications pour les codes sur le niveau 00. Sinon, j'y vais avec mon instinct.

Serge Basque : J'aime bien qu'un ami me suggère un coup de cœur. Avoir l'occasion de comparer ses goûts et commentaires est bien agréable. Au courant de la dernière année, j'ai fait beaucoup d'achats qui étaient listés dans certains guides du vin québécois. De faire un comparatif de ma description d'un vin avec celle d'un sommelier professionnel me divertit beaucoup. J'aime aussi l'approche de la sommellerie moléculaire qui essaie de définir pourquoi un vin devrait bien se marier avec un plat en particulier.

Claire Normand : Surtout les suggestions des amis, quelques fois les conseils d'experts, le prix bien sûr, mais jamais une étiquette.

Danny Boudreau : Les amis tout simplement.

Carl Philippe Gionet : Souvent, je suis porté à acheter un vin provenant d'une région viticole que j'ai visitée. La présentation y est aussi pour quelque chose. Mais la plupart du temps, c'est en discutant avec des amis que je me décide à acheter quelque chose que je ne connais pas. Par contre, le feeling est primordial.

René Cormier : Plusieurs facteurs influencent mes choix. Souvent, ce sont des amis ou des collègues qui me suggèrent l'achat d'un vin qu'ils ont eux-mêmes découvert. Parfois, je lis des chroniques vinicoles qui m'inspirent. Sans m'arrêter systématiquement au prix, il est vrai que j'ai aussi tendance à penser que les meilleurs vins coûtent généralement plus chers. Cela me sert aussi de guide, quand je me retrouve face à une bouteille que je ne connais pas. Il est rare que je tombe en amour avec une étiquette !

M. Griffin : Jusqu'à quel prix seriez-vous prêts à payer pour une bonne bouteille de vin et combien dépensez-vous en moyenne pour une bouteille ?

Monique Poirier : Oh ! J'aimerais bien répondre que je ne regarde jamais le prix de la bouteille, mais ma réalité ne me le permet pas ! Normalement, j'achète des vins qui ne coûtent pas beaucoup plus de 20 $. Cependant, quand je veux faire un cadeau ou que je cherche une bouteille pour une occasion spéciale, je me permets de dépenser un peu plus ! J'ai réalisé qu'un vin n'a pas besoin d'être très dispendieux pour être bon.

Christian Kit Goguen : Ça dépend de l'occasion. Habituellement, je vais dépenser plus d'argent pour une bonne bouteille de vin lorsque nous passons une soirée en tête-à-tête moi et ma fiancée, soit entre 30 $ et 40 $. Mais en moyenne, je suis prêt à dépenser entre 15 et 25 $ pour une bouteille de vin.

Patricia Richard : Je dépense rarement beaucoup d'argent pour une bouteille de vin. Je ne pense pas encore avoir le goût assez développé pour faire la différence ! En moyenne, 15 $.

Sandra Lecouteur : Pas plus de 22 $, et en moyenne 14 $. J'ai déjà bu des vins très chers et je n'ai pas été impressionnée. Il y a de très bons vins à des prix raisonnables.

JP Leblanc : J'aime rester entre 10 $ et 15 $. Mais je suis prêt à payer de 50 $ à 100 $ pour une bonne bouteille et en bonne compagnie.

Michel Thériault : Pour une occasion bien « spéciale », je peux dépenser jusqu'à 25 $ pour une bouteille, mais ordinairement, en tenant compte de mes moyens, je dépasse rarement les 12 $ ou 13 $.

Serge Basque : En moyenne, je dépense de 15 $ à 18 $ pour une bouteille de vin. Pour des occasions spéciales, je suis prêt à débourser un peu plus. J'ai essayé à quelques reprises des bouteilles un peu plus chères, mais la différence de prix n'en valait pas la peine.

Claire Normand : Je payerai certainement des centaines de dollars, mais la réalité est que je cherche les aubaines, c'est-à-dire un bon rapport qualité-prix. Je paye rarement plus de 20$, sauf en quelques rares occasions.

Danny Boudreau: Au maximum 20$.

Carl Philippe Gionet: Pour une occasion spéciale, je n'hésite pas à débourser facilement une trentaine de dollars. Normalement, j'achète des vins dont les prix tournent autour de 15$ et des portos autour de 30$. Il y a cependant une exception: un vin rouge, une merveille portugaise que j'adore, qu'on trouve pour un peu plus de 10$. Comme quoi ce n'est pas toujours le prix qui fait gage de qualité.

René Cormier: Comme je consomme du vin très régulièrement (généralement une fois par jour à l'heure du souper), je dépense entre 13$ et 20$ pour une bouteille de vin. Cela dit, pour des occasions spéciales, je peux payer entre 30$ ou 40$. Exceptionnellement, pour du champagne notamment, je paie plus de 60$.

M. Griffin: Avez-vous une préférence sur le pays d'origine d'un vin? Si oui, lequel?

Monique Poirier: Ces jours-ci, j'ai un penchant pour les vins du Chili.

Christian Kit Goguen: Je n'ai pas vraiment de pays préférés, malgré un faible pour les australiens au début.

Patricia Richard: Pas de préférence pour le pays, mais quand je suis en France et que je bois du vin, je le trouve pas mal bon!

Sandra Lecouteur: Les vins français et en particulier ceux du Sud-Ouest. J'adore aussi les vins de Corbières.

JP Leblanc: Je n'ai pas de préférence comme telle. J'aime beaucoup les vins de France et aussi le vin canadien de la Vallée d'Okanagan. En ce qui concerne le bon rapport qualité-prix, j'aime bien les vins d'Argentine et du Chili. Je trouve que leur qualité s'améliore de plus en plus et leur prix demeure très raisonnable.

Michel Thériault: J'aime bien essayer les différents vins français. Question qualité prix (à ce que j'entends du moins), je me laisse aussi souvent tenter par les vins chiliens.

Serge Basque : J'aime beaucoup les vins de la Californie et de la France, mais je ne m'y limite pas.

Claire Normand : Oui, la France.

Danny Boudreau : Les italiens, les français et les australiens.

Carl Philippe Gionet : Pour les vins rosés, je préfère sans aucune hésitation le sud-ouest de la France, une région que je connais particulièrement bien. Pour le rouge, c'est aussi le Languedoc-Roussillon qui l'emporte, avec des vins d'Italie. Pour le blanc, c'est l'Alsace, et quelques vins autrichiens, rarissimes au Canada, que j'ai la chance de consommer sur place quand j'y vais.

René Cormier : Oui. La France.

M. Griffin : Quelle occasion privilégiez-vous pour boire du vin ?

Monique Poirier : Les repas partagés en famille, entre amis ou en amoureux !

Christian Kit Goguen : Pendant un bon repas.

Patricia Richard : Soirée détendue entre amis (es), soirée pour fêter entre amis (es) ou avec un bon repas. Je ne bois jamais de vin seule... hum.

Sandra Lecouteur : Lors d'un bon repas et les 5 à 7 chez moi, à la Pointe-Alexandre. Après mes spectacles aussi, j'aime partager une bonne bouteille avec Alyre, mon conjoint, et mes musiciens. S'il y a des amis qui se joignent à nous, c'est encore mieux.

JP Leblanc : Le mercredi et le vendredi soir !

Michel Thériault : Les soupers entre amis surtout et assez souvent avec ma copine. Au cours des dix dernières années, alors que j'habitais à Montréal, j'aimais bien aussi la formule « Apportez votre vin » dans les restaurants.

Serge Basque : Lorsqu'on prend le temps de cuisiner et d'apprécier un bon repas, la bonne bouteille de vin est essentielle. Une bonne table sans une bonne bouteille n'est sûrement pas parfaite. J'apprécie donc une bonne bouffe avec de bons amis pour déguster une bonne bouteille, je n'aime pas vraiment prendre un verre de vin seul.

Claire Normand : Toutes les occasions sont bonnes, mais j'aime bien qu'il accompagne un bon repas.

Danny Boudreau : Pour moi, c'est durant un repas en bonne compagnie.

Carl Philippe Gionet : Aux repas, aux rencontres, aux grandes discussions, nous avons souvent une bouteille ouverte. En ce qui me concerne, le vin est absolument indissociable du partage entre amis. Il élève l'âme, il crée un lien entre les personnes et les sens.

René Cormier : J'apprécie particulièrement le vin lors d'un bon repas entre amis, marqué par des discussions animées autour de sujets chauds comme la politique, la culture, la spiritualité, la sexualité et pimentées par des potins croustillants à propos de gens qu'on ne connaît pas toujours, mais de qui on aime bien parler!

M. Griffin : Décrivez-moi comment vous en êtes venus à apprécier le vin.

Monique Poirier : J'ai l'occasion de faire beaucoup de voyages grâce à mon travail. Nous mangeons souvent dans des restaurants, et ce, dans différentes villes et différents pays. C'est comme ça que j'ai appris à apprécier le vin...En y goûtant dans différents contextes, avec différents plats, et en partageant ces expériences avec des gens que j'aime.

Christian Kit Goguen : Je n'étais pas un buveur de vin avant mon arrivée dans Ode. C'est surtout depuis que je suis dans le monde des arts que j'ai été exposé à toutes les richesses du vin grâce aux voyages et aux gens que j'ai rencontrés un peu partout. C'est aussi grâce à Louise. C'est vrai que ça peut faire un peu plus romantique qu'une grosse caisse de bière! (Rires)

Patricia Richard : Mon chum, quand j'étais à l'Université, nous préparait des soirées pique-niques dans mon appartement. On s'achetait du vin, du pain baguette, des fromages et des charcuteries et on s'installait sur le plancher pour déguster et savourer!

Sandra Lecouteur: J'aimais le vin avant de rencontrer mes amis français Michel Marin et Cyril Pujol, mais c'est en allant en France, en tournée, et chez eux, que j'ai pu apprécier les bons vins de la région du Sud-Ouest.

JP Leblanc: Quand je suis allé en France pour la première fois, on est allé dans la région de Bourgogne.

Michel Thériault: Au départ, pour ses effets enivrants. Ensuite, pour son côté «social» et finalement pour le goût. Aujourd'hui pour un mélange de tout ça.

Serge Basque: Mes premières visites de vignoble en France m'ont permis d'approfondir le peu de connaissances que j'avais au sujet des vins. Aussi, d'essayer des vins avec des particularités exagérées m'a permis de mieux reconnaître ces dernières lors de dégustations subséquentes. De plus, le fait que le bon vin est souvent dégusté en compagnie de bons amis est un critère essentiel à mes yeux pour pleinement apprécier le vin.

Claire Normand: C'est certainement à l'occasion des soupers entre amis, car pour moi, le plaisir que procure le vin va au-delà du fait qu'il est bon et enivrant. Le vin réchauffe, anime les discussions, provoque les rires, etc. Un bon vin est encore meilleur en bonne compagnie.

Danny Boudreau: Ce sont mes nombreux voyages sur le vieux continent, en Europe.

Carl Philippe Gionet: C'est surtout à travers mes nombreux voyages que j'ai appris à apprécier le vin. Je crois que pour bien connaître une région, il est absolument nécessaire de se familiariser avec les produits locaux. Et comme je voyage régulièrement dans des régions où le vin est un élément de première importance, j'ai appris peu à peu à développer ce goût.

René Cormier: Quand j'étais jeune adolescent, mes premières expériences comme consommateur de vin ont été désastreuses! Le seul vin accessible à l'époque était le célèbre Cold Duck ou le Baby Duck. Qui d'entre nous (enfin, pour ceux et celles de ma génération), n'a pas vécu les lendemains douloureux des fêtes de fin d'année scolaire! Haleine de cheval, yeux bouffis, maux de tête lancinants! Il était alors difficile d'imaginer que le vin pouvait être bon! Heureusement, en amorçant mes études postsecondaires et en me retrouvant dans un milieu culturel différent, j'ai découvert toute la volupté du vin et j'ai rapidement appris à l'apprécier et à le consommer avec modération.

M. Griffin: Une expérience mémorable autour du vin?

Monique Poirier: J'ai eu le bonheur de passer toute une soirée au Laurie Raphaël à Québec. On y offrait un menu sept services. Chaque service était accompagné d'un vin que proposait le restaurant. C'était extraordinaire. J'ai compris l'importance des combinaisons... et j'ai aussi compris que ce serait bien le fun d'être riche et de pouvoir manger et boire comme ça plus souvent! C'est un repas que je n'oublierai pas.

Christian Kit Goguen: Nous étions en Suisse, en 2006, et nous avons eu la chance de visiter un véritable empire du vin. Nous sommes partis le matin dans un petit train de rue, toute la délégation canadienne, et dans chaque petit wagon, il y avait des bouteilles de vin. Nous nous sommes promenés partout dans la ville pour finalement nous rendre à de gigantesques champs de vignes embrassés par les reflets du soleil sur le lac Leman, le tout encadré par les Alpes suisses. Quel jour mémorable!

Patricia Richard: Définitivement, lorsque j'étais à l'Université alors que nous faisions nos soirées pique-niques moi et mon chum.

Sandra Lecouteur: Pour mon premier album, La demoiselle du traversier, j'ai repris la chanson C'est extra de Léo Ferré. L'épouse de Léo, Marie-Christine, a beaucoup apprécié et lorsque mon amie et attachée de presse Carole Doucet est allée faire un tour en Toscane, elle s'est arrêtée à la maison de Léo

Ferré et Marie-Christine lui a donné une bouteille à me remettre. Ce vin provenait du vignoble de Léo Ferré avec l'étiquette du Hibou sur la bouteille. Nous l'avons dégusté avec mes fils pour le Nouvel An.

JP Leblanc : On était en France, en 2004, pour une tournée, nous étions en Bourgogne. J'aimais bien le vin avant ce voyage, mais j'ai vraiment commencé à apprécier le vin depuis. On a visité un vignoble et une cave à vin dans cette région. C'était incroyable. On a su comment il cultivait les raisins et on a goûté du vin de différentes années du vignoble. Le propriétaire a signé nos bouteilles, que l'on avait achetées pour boire au Canada. Cependant, les bouteilles ne se sont pas rendues en Acadie. On les a toutes bues la soirée même.

Michel Thériault : Premièrement, de nombreux soupers bien arrosés avec de bons amis. Et peut-être la fois où j'étais allé couvrir le Festival des vins à Moncton (je crois que c'était l'ouverture) alors que j'étais journaliste-pigiste pour l'Acadie Nouvelle. Disons que j'avais un peu trop « essayé » les vins en dégustation. Les notes que j'avais prises étaient illisibles. J'avais eu toutes les misères à écrire quelque chose et j'avais dû rappeler les organisateurs.

Serge Basque : La visite de vignoble dans le terroir Madiran en France, par le fait même la dégustation de plusieurs vins avec François, Frédéric, Jocelyn et Hubert de Trans Akadi est un souvenir des plus mémorable.

Claire Normand : Lorsqu'un vin se marie bien à un plat et que le mariage se produit, c'est une des plus belles expériences des sens. La plus mémorable qui me vient à l'esprit, concerne curieusement un vin blanc, et non un rouge, le pinot gris d'Alsace, que la vendeuse nous avait conseillé pour accompagner un pâté de foie gras de canard aux asperges. Le tout dégusté en compagnie de bons amis dans un petit chalet d'Alsace, c'était l'harmonie parfaite !

Danny Boudreau : Entouré d'amis en France, j'ai retourné une bouteille de vin qui était bouchonnée. Ne connaissant pas beaucoup le vin, j'étais pas mal fier de moi (rires).

Carl Philippe Gionet : J'en ai plusieurs ! Mais une histoire en particulier me vient spontanément à l'esprit. J'étais en tournée et nous habitions dans un petit village près d'Angoulême en France. Mon voisin, un homme âgé de plus de 90 ans, cultivait sa propre vigne et m'avait invité à déguster son pinot dans le petit cabanon au centre du jardin. Un pur délice ! Surtout qu'il n'était même pas 9 h le matin...

René Cormier : Le 31 décembre 1999, à 23 h 50, à quelques minutes du passage à l'an 2000, j'étais installé avec des membres de ma famille et quelques amis, à l'extérieur, dans une véranda. Sous un ciel étoilé, bien emmitouflés dans des vêtements chauds, nous avons célébré la vie et notre privilège de pouvoir vivre ce moment historique en buvant un bon verre de vin. Ce fut un moment émouvant et magique !

Le répertoire des accords

Répertoire des accords mets et vins

Hors-d'œuvre

Fruits de mer

Crabe

Crevettes

Poissons

Gibier à plumes

Les pâtes et mets italiens

Viandes rouges

Agneau

Fondue chinoise